果品蔬菜贮藏与加工实验指导

王鸿飞　邵兴锋　主编

U0296542

科学出版社

北京

内 容 简 介

本实验指导分为三个部分：第一部分为果蔬原料新鲜度及品质分析实验，第二部分为果蔬贮藏及生理生化实验，第三部分为果蔬加工工艺实验。既包含经典的传统实验方法，也有反映新仪器、新技术的新实验方法。内容全面、系统，可操作性强，力求让读者掌握果蔬贮藏加工方面的检测方法和加工工艺。

本书主要满足高等院校食品、园艺相关专业师生在果蔬贮藏加工课程实践实训教学和技能培养方面的需要。同时，本书也可以作为科研院所科技人员、农业推广人员及食品加工企业从业人员的参考资料。

图书在版编目(CIP)数据

果品蔬菜贮藏与加工实验指导 / 王鸿飞，邵兴锋主编. —北京：科学出版社，2012.7

ISBN 978-7-03-034849-4

Ⅰ. ①果… Ⅱ. ①王… ②邵… Ⅲ. ①水果 – 食品贮藏 – 实验 – 高等学校 – 教学参考资料 ②蔬菜 – 食品贮藏 – 实验 – 高等学校 – 教学参考资料 ③水果加工 – 实验 – 高等学校 – 教学参考资料 ④蔬菜加工 – 实验 – 高等学校 – 教学参考资料 Ⅳ. ①TS255.3-33

中国版本图书馆CIP数据核字(2012)第128705号

责任编辑：陈 露 封 婷 景艳霞 / 责任校对：张 林
责任印制：刘 学 / 封面设计：殷 靓

科 学 出 版 社 出版
北京东黄城根北街 16 号
邮政编码：100717
http://www.sciencep.com

广东虎彩云印刷有限公司印刷
科学出版社编务公司排版制作
科学出版社发行 各地新华书店经销

*

2012 年 7 月第 一 版 开本：B5 (720 × 1000)
2023 年 7 月第十三次印刷 印张：11 1/2
字数：211 000

定价：35.00 元
(如有印装质量问题，我社负责调换)

前　　言

随着社会的发展进步和人民生活水平的不断提高，国民对于饮食的需求和自身健康的关注程度越来越高。果蔬不仅具有鲜艳美丽的色泽、诱人的风味和芳香、良好的质地和口感，引发食欲；同时还能提供维生素、矿物质和膳食纤维等多种营养物质，以及多酚、黄酮、色素等具有抗氧化、抗癌等生理功能的植物化学物质。尤其是近年来功能食品的研发，使得消费者对果蔬关注和喜爱程度越来越高。但是，新鲜果蔬是活的有机体，采后仍进行着旺盛的生理活动，易受腐败菌侵染，极易衰老和腐烂；且果蔬原料季节性强，上市集中，缺乏合理的贮运工艺技术和装备将造成巨大的经济损失。因此，需要进行合理的贮藏来延长贮运期，以满足市场对新鲜水果的需求和工厂对加工原料的需要。果蔬加工不仅为消费者提供各种不同形式的食品，同时也达到果蔬保藏的目的。

果蔬贮藏加工一直以来是我国食品工业的重要组成部分，"果蔬贮藏加工学"是食品科学与工程、食品质量与安全和园艺等相关专业的一门必修（或选修）课程。该课程在近年来不断融入新技术、新工艺。我们正是从相关课程的实验实践教学和毕业设计等需要出发，组织编写了《果品蔬菜贮藏与加工实验指导》，以满足高等院校食品、园艺相关专业师生的需求。同时，本书也可以作为科研院所科技人员、农业推广人员及食品加工企业从业人员的参考资料。

本书分为三个部分：第一部分为果蔬原料新鲜度及品质分析实验，第二部分为果蔬贮藏及生理生化实验，第三部分为果蔬加工工艺实验。涵盖了果蔬原料品质的分析、贮藏期生理生化分析和加工工艺。既包含经典的传统实验方法，也包括一些新设备和新技术在果蔬贮藏与加工中的使用等新内容。内容全面、系统，可操作性强，力求让读者掌握果蔬贮藏加工方面的检测方法和加工工艺。本书由王鸿飞、杨震峰、邹秀容、邵兴锋、赵立、樊明涛、潘磊庆（按姓氏笔画序）编写，邵兴锋统稿。在编写过程中，参考了大量的国内外资料文献，但由于篇幅所限，未能一一加注。在此，向参考的书籍和文献的作者表示深深的谢意！

由于编者水平有限，时间仓促，在编写过程中难免有不足和疏漏之处，敬请广大读者批评指正，以便今后进一步修改、补充和完善。

编　者

2012 年 3 月于宁波大学

目　　录

第三部分　果蔬加工工艺实验

第一部分　果蔬原料新鲜度及品质分析实验

实验 1 果蔬原料一般物理性状的测定

【实验目的】

掌握果蔬一般物理性状的分析测定方法。

【实验原理】

果蔬的一般物理性状包括果蔬的质量、大小、密度、容重、硬度等。在果实成熟、采收、运输、贮藏及加工期间，组织内部一系列复杂的生理生化变化，导致此类物理特性发生变化。通过此类物理特性的分析测定，可以确定果蔬的采收成熟度，识别品种特性，进行产品标准化生产；在贮藏过程中，相关分析测定能反映果蔬在不同贮藏环境下的变化；对于加工用原料，通过相关分析测定能了解其加工适用性能。

【实验材料】

苹果、梨、桃、柑橘、香蕉、番茄、茄子、辣椒等。

【仪器设备及用品】

游标卡尺，电子天平或托盘台秤，果实硬度计，榨汁机/匀浆机，比色卡片，排水筒，量筒等。

【实验方法】

1. 平均果重

取果实 10 个，分别放在电子天平或托盘台秤上称重，记录单果重，求出平均果重(g/个)。

2. 果形指数

果形指数=纵径/横径，取果实 10 个，用游标卡尺测量果实的最大横径(cm)和纵径(cm)，多次测量求平均值，计算果形指数。通常果形指数在 0.8~0.9 为圆形或近圆形，0.6~0.8 为扁圆形，0.9~1.0 为椭圆形，1.0 以上为长圆形。

3. 果面特征

取 10 个果实进行总体观察，记录果皮粗细、底色和面色(若没有底色和面色之分则记录单一颜色)的状态。果实底色可分为深绿色、绿色、浅绿色、绿黄色、浅黄色、黄色、乳白色等，也可用特制的比色卡片(如香蕉成熟度比色卡、苹果成熟度比色卡)进行比较，分成若干等级。果实因种类不同，显出的面色也有所差别，如紫色、红色、粉红色等。记载颜色的种类和深浅，占果实表面积的百分数。果蔬的颜色也可以用色差仪进行分析测定(详见实验2)，获得相关参数的准确数值。

4. 果肉比率

取 10 个果实，除去果皮、果心、果核或种子，分别称量各部分的重量，求得果肉(或可食部分)的百分率。

5. 果肉出汁率

汁液丰富的果实也可以分析出汁率来代替果肉比率。目前，用于测定果肉出汁率的方法大概有如下几种：

可用榨汁机将果汁榨出，称果汁重量，求出果实的出汁率。

可将果实在匀浆机中匀浆，在离心机中以 3000 r/min 离心 10 min，称取上清液的重量，计算出汁率。

在果实上取下一定直径和厚度的果肉圆片，称取原始重量。再将果肉片包裹在脱脂棉或滤纸中，3000 r/min 离心 10 min，称量离心后重量。以离心前后失重的比例作为果肉出汁率。

6. 果实硬度

用每平方厘米面积上承受的压力表示硬度，果实硬度是果实成熟度的重要指标之一。取 10 个果实，在其赤道部位对应两面薄薄地削去一小块果皮(约 2 mm 厚，直径 1 cm 以上)，用果实硬度计(图 1-1)测定果肉硬度。若果实着色不均，测定应分别在果实着色最浓的一侧和着色最淡的一侧进行。

在使用果实硬度计测定前先将果实硬度计清零，一手握住水果，一手用硬度计对准削好的果面用力压，使测头顶部垂直、匀速压入果肉中，直至测头标线位置与果面齐平，读取表盘上的压力数值(单位为千克、牛顿、磅[①]等)。重复测定取其平均值，该数值除以探头面积大小即为所测定果蔬的硬度值。硬度越大，表明质地越紧密。硬度与果实的贮藏性往往呈现一定的正相关性。

果蔬硬度测定也可以采用质构仪等质地分析仪器测定(详见实验 3)，此类仪器除了分析获得硬度参数以外，还能获得如脆性、黏着性、咀嚼性、弹性、回复性等质地特征参数。

图 1-1　果实硬度计

----

① 1 磅=0.4536kg。

7. 果实密度

采用排水法求果蔬的密度。取果实 10 个,放在电子天平或托盘台秤上称重 W。将排水筒装满水,多余水由溢水孔流出,至不再滴水为止。置一个量筒于排水孔下面,把果实轻轻放入排水筒的水中,此时,溢水孔流出的水盛于量筒内,再用细铁丝将果实全部没入水中,待溢水孔水滴滴尽为止,测量记录果实的排水量,即果实的体积 V,计算果实的密度。

$$密度(P) = 重量(m)/体积(V)$$

8. 果蔬容重

果蔬的容重是指正常装载条件下单位体积的空间所容纳的果蔬重量,常用 kg/m^3 或 t/m^3 表示。体积重量与果蔬的包装、贮藏和运输的关系十分密切。可选用一定体积的包装容器,或特制一定体积的容器,装满一种果实或蔬菜,然后取出称量,计算出该品种果蔬的体积重量。由于存在装载密实程度的误差,应多次重复测定,取平均值。

【实验结果与计算】

样品编号	果重	果形指数	果面特征	果肉比率(出汁率)	硬度	密度	容重
1							
2							
3							
4							
5							
6							
7							
8							
9							
10							
平均值							

【注意事项】

1. 硬度是以每平方厘米面积上承受的压力数表示,是压强单位;

2. 注意游标卡尺的使用。

【思考题】

针对一种原料,实验分析其各种物理特性,例如果品表面颜色与硬度、密度等之间是否有相关性。

实验 2 果蔬表面颜色的测定——色差仪

【实验目的】

1. 了解表征果蔬表面颜色的常用表色系统，掌握各参数的具体含义；
2. 了解色差仪的基本构造、工作原理和使用方法；
3. 熟练运用色差仪开展果蔬表面颜色测定分析。

【实验原理】

表面颜色是果蔬的重要品质指标之一。表面颜色不仅影响消费者的感官判断，颜色变化还能直接反映果实的成熟度、新鲜度以及内部品质的变化。研究表明，果蔬表面颜色与果实硬度、糖和酸的含量等内部品质具有较好的相关性，通过对表面颜色的测定可预测果实内部品质。在果蔬采收后的分级中，颜色是一个重要的指标；基于计算机视觉所获取的果蔬表面颜色特征，是实现产品快速、无损检测分析的重要依据。

常用的颜色表色系统包括孟塞尔表色系统、$L^*a^*b^*$表色系统、$L^*C^*H^\circ$表色系统等，各个表色系统具有不同的特点。孟塞尔(Munsell)表色系统由美国艺术家Munsell 于 1898 年发明，1905 年正式确立。该系统用 3000 多张色卡组成色彩空间，直接表达色彩三要素。孟塞尔表色系统的色彩空间的垂直轴表示明度，最上为白色，最下为黑色，中间为一系列的中性灰色，同一明度平面的颜色明度相同；每个明度平面上，按照角度逐渐变化的是色相，其极坐标角度可以表示该位置的色相；色彩到垂直轴之间的距离代表的是饱和度，越靠近垂直轴饱和度越低，越靠近周边饱和度越高。

CIE LAB（CIE $L^*a^*b^*$）色度空间是 1976 年国际照明委员会(CIE)推荐的均匀颜色空间，用假想的球形三维立体结构表示色彩，是用于仪器测色的表色系统，可以精确地测定连续的色度值。在 CIE LAB 表色系统，中轴是明度轴，上白下黑，中间为亮度不同的灰色过渡。此轴称为 L^*轴。L^*称为明度指数，$L^* = 0$ 表示黑色，$L^* = 100$ 表示白色。中间有 100 个等级。色圆上有一个直角坐标，即 a^*、b^*坐标方向。$+a^*$方向越向外，颜色越接近纯红色；$-a^*$方向越向外，颜色越接近纯绿色。$+b^*$方向是黄色增加，$-b^*$方向是蓝色增加。

$L^*a^*b^*$表色系统中可以计算出两种色彩的色差 ΔE^*ab，$\Delta E^*ab = (\Delta L^{*2} + \Delta a^{*2} + \Delta b^{*2})^{1/2}$，其中 $\Delta L^* = L1 - L2$、$\Delta a^* = a^*1 - a^*2$、$\Delta b^* = b^*1 - b^*2$，即两点间三坐标值的差。ΔE^*ab 与观察感觉的关系如表 2-1 所示。

表 2-1　△E*ab 值与观察感觉

△E*ab 值	感觉到的色差程度
0 ~ 0.5	极小的差异（trace）
0.5 ~ 1.5	稍小的差异（slight）
1.5 ~ 3.0	感觉到有差异（noticeable）
3.0 ~ 6.0	较显著差异（appreciable）
6.0 ~ 12.0	很明显差异（much）
12.0 以上	不同颜色（very much）

资料来源：李里特，2001。

$L^*C^*H^\circ$ 表色系统：由于 $L^*a^*b^*$ 表色系统中的 a^* 和 b^* 不能单独、明确表达彩度及色相，为此 CIE 又制定了 $L^*C^*H^\circ$ 表色系统。$L^*C^*H^\circ$ 表色系统也是针对仪器测色的表色系统，采用与 $L^*a^*b^*$ 表色系统相同的色彩空间，可以定位连续的比色的色度值。L^*、C^*、H° 三个参数与孟塞尔表色系统结构相似，可反映色彩给人的心理感受。L^* 同样代表明度；C^* 称为饱和度(metric chroma)，表现为对象的坐标点与纵轴之间的垂直距离，用以表示比色的饱和度；$C^* = \sqrt{a^{*2} + b^{*2}}$，$C^*$ 值越大，色彩越纯。H° 称为色相角(metric hue angle)，表现为对象的坐标点与原点连接成的直线与 a^* 轴之间的夹角，即 $H^\circ = \arctan\dfrac{b^*}{a^*}$，用以表示不同的比色所得的色相。

色差仪是一种常见的光电积分式测色仪器，它仿照人眼感色的原理，采用能感受红、绿、蓝三种颜色的受光器，将各自所感受的光电流加以放大处理，得出各色的刺激量，从而获得这一颜色的信号。测色色差仪主要包括测头、数据处理器(含显示器及打印机)、直流电源及附件四部分。测色仪测头由照明光源、滤色器、硅光电池、隔热玻璃、凸透镜导光筒、挡板和积分球等组成。当仪器内部的标准光源照射被测物体，在整个可见光波长范围内进行一次积分测量，得到透射或反射物体色的三刺激值和色品坐标，并通过专用计算机系统给出被测样品的相关色差参数值。这是一种操作简便的光学分析仪器。

【实验材料】

苹果、梨、桃、柑橘、香蕉、番茄、茄子、辣椒等。

【仪器设备】

色差仪。

【实验步骤】

1. 打开电源

将电源开关打开，仪器显示操作界面或指示灯亮，表明仪器已有电源输入。

2. 预热

仪器通电后，自动进入 10 min 倒计时预热时间，使光源和光电探测器稳定。

3. 调零

预热结束后，仪器自动进入调零状态。仪器显示"调零"，此时将光学测试头垂直放在黑色调零用的黑筒上，按下"执行"键，几秒后仪器提示调零结束，并自动转入调白操作。

4. 调白

当仪器显示"调白"时，将光学测试头放在标准白板上，按下"执行"键，几秒后仪器提示调白结束，并自动转入允许测试状态。

5. 样品测定

当仪器显示"测试样品"时，先将测试的果蔬样品放置于光学测试头下，将测头与果蔬表面紧密接触，按下"执行"开关，完成一次测试。

6. 选择表色参数

读取 L^*、a^*、b^*、C^*、H° 值。

7. 重复测定

单个样品，重复测定取其平均值。

8. 关机

当一批样品测色结束后，关上 POWER 开关，指示灯灭，切断电源，收好标准白板、黑筒等。

【实验结果与计算】

测定编号	L^*	a^*	b^*	C^*	H°
1					
2					
3					
4					
平均值					

【注意事项】

1. 色差仪是精密的光学仪器，须放置于温度恒定、干燥、无振动的地方；避免高温、高湿和大量灰尘，避免在直射阳光或强光下操作。

2. 散热的通风孔请勿堵塞。

3. 不要用挥发性液体或者化学抹布擦拭仪器表面，特别是避免液体进入仪器内部。

4. 光学测试探头属于贵重易坏物品，样品与光学测头的接触一定要缓慢，避免受力损坏；也不要用手去触摸光学测头的内部。

5. 不同生产厂家的仪器操作界面不同，但大都经过"通电"、"预热"、"调零"、"调白"和"测试"这些步骤。

【思考题】

比较同一果实不同部位、同种果实不同成熟度的颜色差异，计算 ΔE^*ab 值，通过表 2-1 比较其颜色是否存在差异及差异大小。

实验 3　果蔬原料质地特性的分析测定——质构仪

【实验目的】

    1. 了解质构仪的构造、工作原理；

    2. 掌握质地剖面分析法（TPA）、穿刺等果蔬质地分析的常用方法；

    3. 熟练运用质构仪开展果蔬质地的分析评价。

【实验原理】

    食品的质地（texture）是一种感官特性，它反映食品的物理性质和组织结构，是构成食品品质的重要因素之一，食品的质地与以下三个方面的感觉有关：①手或手指对食品的触摸感；②目视的外观感觉；③口腔摄入时的综合感觉，包括咀嚼时感到的软硬、黏稠、酥脆、滑爽等。食品的质地主要包括硬度、脆性、弹性、凝聚力、附着性、咀嚼性、黏着性等指标。质地是果蔬的重要属性之一，它不仅与产品的食用品质密切相关，而且是许多种果蔬的贮藏性与贮藏效果的重要指标。对于果蔬质地的分析测定，可通过感官评价和仪器分析。

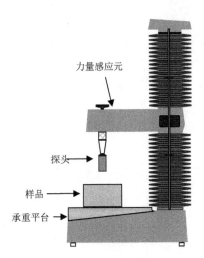

图 3-1　质构仪示意图

    在仪器分析中，质地测定仪（质构仪）是较为常用的设备之一，它主要由力量感应元、各种测试探头、承重平台、数据分析软件等组成（图 3-1）。通过质构仪力量感应元携带测试探头的向下运动（压缩、穿刺、剪切等）和向上运动（拉伸），测定运动过程中的力、距离或时间的变化，通过数据分析软件客观地分析相关质地指标。在果蔬质地分析中，较为常用的测试方法主要包括压缩法（compression）、穿刺法（puncture and penetration）、TPA（texture profile analysis，质地剖面分析法）等。

    质地剖面分析法（TPA）是一种最重要的质地分析方法，它通过模拟人体口腔的咀嚼运动，对样品进行两次压缩，分析得出硬度、脆性、黏着性、凝聚性、弹性、咀嚼性和回复性等质地特征参数（图 3-2）；具体的参数定义见表 3-1。目前，TPA 方法已经用于多种食品的研究分析过程中。

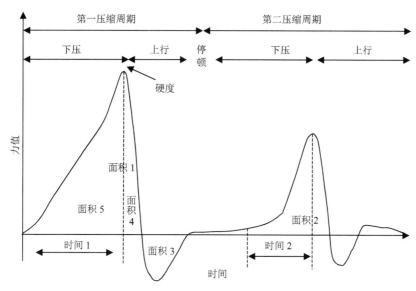

图 3-2　TPA 测试结果示意图

表 3-1　质地多面剖析参数定义及其特征内容

TPA 参数	定义	特征内容及语义描述
硬度 (hardness)	TPA 曲线第一压缩周期中最高峰处力值	果实越过生物屈服点后，外界继续施加一定程度的压力，果实所受力的大小反映试样对变形抵抗的性质。单位为牛顿(N)或克(g)
黏着性 (adhesiveness)	图中面积 3	下压一次后将探头上升时所需能量的大小；反映了咀嚼果肉时，果粒对上腭、牙齿、舌头等接触面黏着的性质。单位为 N·s 或 g·s
弹性 (springiness)	两次压缩周期中下压时间 2/时间 1	果实受到彻底挤压，在一段时间内，变形恢复的能力。无单位
回复性 (resilience)	由第一压缩周期而得，等于 TPA 曲线中回弹曲线与横轴所包围的面积之比。面积 4/面积 5	反映了物质以弹性变形保存的能量，是果实受压后快速恢复变形的能力。无单位
凝聚性 (cohesiveness)	两次压缩周期的曲线面积比 面积 2/面积 1	反映的是咀嚼果肉时，果粒抵抗受损并紧密连接，使果实保持完整的性质。无单位
咀嚼性 (chewiness)	硬度、凝聚性、弹性三者乘积	即口语中所说的咬劲，反映了果实对咀嚼的持续抵抗性。单位为 N·s 或 g·s

在 TPA 测试中，样品制备和探头选择是困扰使用者的问题。对于马铃薯、苹果等果蔬，常制备成规则的样品，后采用大于样品横截面的探头进行两次压缩实验(图 3-3A)，使样品产生形变，这最符合 TPA 定义的测定方法。然而对于杨梅、草莓等难以制成规则形状的待测样品，也会有使用小于样品横截面的探头进行测试(图 3-3B)，此时进行的是两次穿刺实验，穿刺时探头同时做压缩和剪切动作；在穿刺实验时样品的横截面面积至少是探头横截面面积的 3 倍。

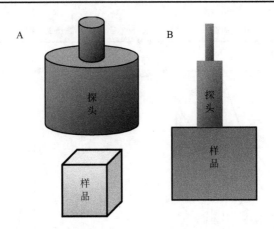

图 3-3　TPA 测试时的探头与样品选择(A 为压缩;B 为穿刺)

除了 TPA 以外,一次穿刺法也是果蔬质地分析的一种方法。它通常选用较小的探头(如针形探头)穿刺果蔬样品,通过一次穿刺,获得生物屈服点、硬度等指标。生物屈服点是生物体发生破裂时感受到的力值,见图 3-4 中的 F_s;果肉硬度见图 3-4 中的 F_f,即这一段曲线的平均力值,可由软件自动计算获得。如果以一个未削皮的苹果为例,F_s 是其果皮被刺破的力值,F_f 是其果肉硬度值。

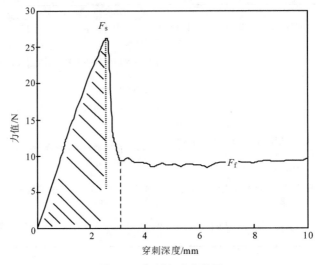

图 3-4　穿刺实验曲线图

【实验材料】

苹果、香蕉、马铃薯等。

【仪器设备及用品】

质构仪(以 TA.XT Puls 质构分析仪为例),直径 50 mm 柱型探头(P50),直径

2 mm 针形探头(P2)，5 kg 的力量感应元，承重平台(HDP/90)，打孔器，双刃刀。

3.1 　TPA 实验

【实验步骤】

1. 样品制备

本实验须制备规则形状的果肉样品，具有相同的高度和截面面积的柱体或圆柱体。以苹果果实为例，可沿果梗将果实纵向均匀切分为两瓣，使用内径 14 mm 的打孔器按图 3-5 所示测点 1、2、3、4 取样，然后用切分宽度 4.5 mm 的双刃刀切取居中部位小圆柱体试样。将试样置于质构仪 P50 探头(直径 50 mm)下做 TPA 试验。

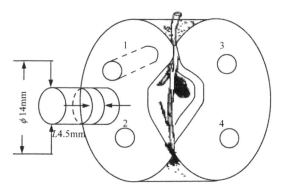

图 3-5 　苹果样品制备(潘秀娟和屠康，2005)

2. 开机

打开质构仪主机电源，计算机开机，双击分析软件 Texture Exponent，实现主机与工作软件的连接。

3. 测试模式的选择及参数条件的设置

选择 TPA 测试模式；或者新建一个 TPA 任务。点击菜单中的 T.A. →TA Setting，设置重要参数。

测试前速度(pre-test speed)：3 mm/s；

测试速度(test speed)：1 mm/s；

测试后速度(post-test speed)：1 mm/s；

压缩变形量(deformation)：50%；或者，压缩距离(distance)：2 mm；

触发力值(trigger force)：5 g；

时间间隔(time)：5 s。

测试前速度是指探头在接触样品前的运行速度，此值设置可以稍大，以提高工作效率；测试速度是指探头接触感知到样品后切换成所需的下压速度，此值不宜过快。测试后速度是指探头压缩到一定距离后的返回速度，可以设置得稍大一些，提高工作效率；但是，当需要测试回复性数值时，测试后速度必须与测试速度一致。作用对象的方式分为压缩变形量或压缩距离两种，压缩变形量是指探头将样品压缩变形的程度，压缩距离(mm)就是探头接触样品后下压的距离。触发力值是指力量感应元感应到此力值时，就认为探头已经接触到此样品，并转变成测试速度开始下压测试。时间间隔是指两次压缩之间的停顿时间，使受过压缩的样品得到一定程度的恢复。参数设置完成后，单击 update 按钮确定。

4. 校准

(1) 力量校准：安装适合的测试探头和装置附件后，首先做力量校正：T.A. → calibrate → calibrate force，按照提示将砝码放置于力量感应元上，仪器会自动校准。

(2) 高度校正：T.A. → calibrate →calibrate height。涉及 2 个参数，返回速度和高度。返回速度尽量快，提高工作效率，如 20 mm/s；高度是探头返回后距离载重平台的距离，这一距离只要能方便样品的放取即可。

5. 运行

在第一个样品进行运行测试时，单击 T.A. →run a test，分别进行测试样品名称(File ID)、测试序号(File No)、测试样品数据文件保存地址(Drive)的设置。

然后在 Probe and product data 标题栏下，选择测试探头型号，设置参数：Data Acquisition 200 pps (point per second，数据处理频率)。设置完成后单击 OK 按钮，自动运行测试。随后的样品可以单击 T.A. →quick test run(也可按 Ctrl + Q)，进行快速测试。

6. 数据分析

数据分析软件会自动引导分析者进行质地图谱的分析，获得相关结果；并且可以将测试结果进行统计分析，获得多次重复测定的平均值、标准偏差和变异系数。熟悉该软件的操作者也可以根据需要，编写所需的数据分析工作模块，进行特殊的分析。

3.2　穿　刺　实　验

1. 样品准备

新鲜的苹果等果实样品，可以根据实验目的进行测试位置的削皮或不削皮。

2. 开机连接

同 3.1 TPA 实验中的开机。

3. 测试模式的选择及参数条件的设置

选择穿刺测试(Puncture test)模式，探头选择 P2(直径 2 mm)。设置重要参数。

测试前速度：3 mm/s；

测试速度：1 mm/s；

压缩距离：5 mm；

测试后速度：3 mm/s。

4. 校准

(1)力量校准：同 3.1 TPA 实验中的力量校准。

(2)高度校正：同 3.1 TPA 实验中的高度校正。

5. 运行

同 3.1 TPA 实验中的运行。

6. 数据分析

同 3.1 TPA 实验中的数据分析。

【注意事项】

1. 样品的制备、探头的选择将直接影响到探头与样品接触面积的大小，测试速度、压缩变形量等的变化对测试分析结果都会产生影响。例如，质构仪分析读取的硬度值，只是反映了作用力的大小，需要换算成压强的单位；压缩变形量将会影响咀嚼性、凝聚性、回复性等参数。因此，只有样品、探头、测试条件都一致的情况下，测试结果才具有可比性。

2. 切取柱形或圆柱形果肉样品时，通过可调节距离的双刃刀切去固定高度的样品，同时必须保证样品的表面平整。

3. 测试前的高度校准非常重要。质构仪正是根据这一高度，在设置的下压速度下运行，才能准确地计算各阶段运行所需的时间、距离，同时记录相应的力值变化。

4. 仪器校准、测试时，必须保证质构仪放置平稳、避免振动或较大的空气流动产生的影响。

5. 测试时，要注意观察样品与探头的接触和测试的进行。若有异常，应迅速按下质构仪上的"Stop"键，停止运行。分析原因，修改参数，并重新进行高度校准。

6. 测试完后，探头、砝码、载物平台等要清洁，放归原位。

【思考题】

1. 针对同一样品，制备不同直径的样品进行相同测试，分析测试结果的差异，并分析原因。

2. 制备相同的样品，改变测试速度或压缩变形量。分析测试结果的差异，并分析原因。

实验 4　果蔬含水量的测定

【实验目的】

1. 掌握干燥、恒重的基本概念和知识；
2. 掌握常压干燥法和减压干燥法测定果蔬含水量。

【实验原理】

水果和蔬菜中的水分含量多为80%以上，有些种类和品种为90%左右，甚至更高。果蔬中的水分以两种形式存在：一种游离水，占总含水量的70%~80%，具有水的一般特性，在果蔬贮藏及加工过程中极易失去；另一种是束缚水，是果蔬细胞内胶体微粒周围结合的一层薄薄的水膜，它与蛋白质、多糖等结合在一起，一般情况下很难分离。

果蔬失水导致失重和失鲜。失重是果蔬重量的减少；失鲜表现为果蔬表面光泽消失，形态萎蔫，失去外观饱满、新鲜和脆嫩的质地，甚至失去商品价值。同时，果蔬失水大多数对贮藏产生不利影响，失水严重还会造成代谢失调。所以，果蔬含水量的测定在果蔬储运加工中具有重要的理论和实践意义。

在果蔬水分测定时，可选用常压干燥法或减压干燥法。常压干燥法：一般是指果蔬中的水分在 100℃ ± 5℃直接干燥的情况下所失去物质的总量。减压干燥法：是指果蔬中的水分在一定的温度和压力的情况下所失去物质的总量。减压后，水的沸点降低，可以在较低温度下使水分蒸发干净。特别适用于含糖量高的果蔬，可以防止糖在高温下脱水碳化。

【实验材料】

苹果、桃、梨、柑橘、萝卜、青椒等。

【仪器设备及用品】

鼓风干燥箱，真空干燥箱，电子天平(感量 0.1 mg)，有盖铝皿或玻璃称量皿，刀。

【实验步骤】

4.1　常压干燥法

1. 取洁净铝制或玻璃制的扁形称量瓶，置于 100℃ ± 5℃干燥箱中，瓶盖斜支于瓶边，加热 0.5~1.0 h，取出，盖好，置干燥器内冷却 0.5 h，称量，并重复干燥至恒量，记为 W_1。

2. 称取 2.00~10.00 g 切碎或磨细的果蔬样品，放入此称量瓶中，样品厚度约 5 mm。加盖，精密称量 W_2。

3. 含样品的称量皿置 100℃ ± 5℃干燥箱中，瓶盖斜支于瓶边，干燥 2~4 h 后，盖好取出，放入干燥器内冷却 0.5 h 后称量。然后放入 100℃ ± 5℃干燥箱中干燥 1 h 左右，取出，放入干燥器内冷却 0.5 h 后再称量。至前后两次重量差不超过 2 mg，即为恒量。此记为 W_3。

4.2　减压干燥法

1. 同上述常压干燥法一致，将称量瓶干燥至恒重 W_1。

2. 称量瓶中加入切碎或磨细的新鲜果蔬样品 2.00~5.00 g。加盖，精密称量 W_2。

3. 将精密称重后的含样品的称量瓶转移到真空干燥箱中，将干燥箱连接水泵，抽出干燥箱内空气至所需压力（3 kPa），并同时加热至所需温度 70℃，关闭通水泵或真空泵上的活塞，停止抽气，使干燥箱内保持一定温度和压力，经一定时间后，打开活塞，使空气经干燥装置缓缓通入干燥箱内，待压力恢复正常后再打开。取出称量瓶，放入干燥器中 0.5 h 后称量，并重复以上操作至恒量 W_3。

对于含水量高的试样，要先放在常压、70℃左右的通风式恒温干燥箱内，预干燥 3 h，并随时搅拌，然后移到真空干燥箱内。

【实验结果与计算】

$$X = (W_2 - W_3)/(W_2 - W_1) \times 100$$

式中，X 为样品中水分的含量（%）；W_1 为称量瓶的质量（g）；W_2 为称量瓶和样品的质量（g）；W_3 为称量瓶和样品干燥后的质量（g）。

【注意事项】

1. 常压干燥法所用设备以及操作简单，但时间较长，不适用于高糖的果蔬及其制品。

2. 食品中水分含量是指在 100℃左右直接干燥的情况下所失去物质的质量。但实际上，在此温度之下所失去的是挥发性物质的总量，而不完全是水。

3. 减压干燥法适用于含糖量较高的果蔬样品，可以防止糖在高温下碳化。

【思考题】

在常压干燥或减压干燥下，果蔬失去的是何种形式的水？

实验 5　果蔬中叶绿素含量的测定

【实验目的】

掌握果蔬中叶绿素含量的测定原理及方法。

【实验原理】

叶绿素是一切果蔬绿色的来源，它最重要的生物学作用是光合作用。叶绿素是由两种结构相似的成分——叶绿素 a 和叶绿素 b 组成的混合物。叶绿素 a 呈青绿色，叶绿素 b 呈黄绿色，两者大约呈 3∶1 的比例。叶绿素在植物细胞中与蛋白质结合成叶绿体。

在正常生长发育的果蔬中，叶绿素的合成作用大于分解作用，外表看不出绿色的变化。当果蔬进入成熟期后和采收后，合成作用逐渐停止，叶绿素在酶的作用下水解生成叶绿醇和叶绿酸盐等溶于水的物质，加上光氧化破坏继续进行，原有的叶绿素减少或消失，表现为绿色消退，显现出其他颜色。这种颜色变化常被用来作为衡量成熟度和新鲜度变化的指标。

分光光度法是果蔬叶绿素含量测定的常用方法。叶绿素 a 和叶绿素 b 在 645nm 和 663nm 处有最大吸收。叶绿素 a 和叶绿素 b 在 663nm 处的吸光系数分别为 82.04 和 9.27；在 645nm 处的吸光系数分别为 16.67 和 45.60。根据 Lambert-Beer 定律，可列出方程：

$$OD_{663nm} = 82.04C_a + 9.27C_b$$

$$OD_{645nm} = 16.67C_a + 45.60C_b$$

根据以上方程组，可以求得

$$C_a = 12.7\,OD_{663nm} - 2.69\,OD_{645nm}$$

$$C_b = 12.7\,OD_{645nm} - 2.69\,OD_{663nm}$$

因此测定提取液在 645nm、663nm 波长下的吸光值（OD 值），并根据上述公式可分别计算出叶绿素 a、叶绿素 b 和总叶绿素的含量。

【实验材料】

苹果、香蕉、青菜、菠菜等。

【仪器设备及用品】

分光光度计，电子天平（感量 0.01 g），研钵，25 mL 棕色容量瓶，小漏斗，定量滤纸，擦镜纸，滴管，玻璃棒。

【试剂及配制】

丙酮、无水乙醇混合液(体积比，2∶1)；石英砂；碳酸钙粉。

【实验步骤】

取新鲜果皮样品或新鲜蔬菜叶片洗净擦干，去叶柄及叶脉。样品切碎后取 2 g 放入研钵中，加少量石英砂和碳酸钙粉，加入 3 mL 丙酮、无水乙醇混合液，研成匀浆，再加混合液 5 mL，继续研磨至组织变白。静置 3~5 min。

取定量滤纸 1 张置于漏斗中，用混合液湿润，沿玻璃棒把提取液倒入漏斗，滤液流至 25mL 棕色容量瓶中；用少量混合液冲洗研钵、研棒及残渣数次，最后连同残渣一起倒入漏斗中。

用滴管吸取混合液，将滤纸上的叶绿体色素全部洗入容量瓶中。直至滤纸和残渣中无绿色为止。最后用混合液定容至 25 mL，摇匀。

取叶绿体色素提取液在波长 663 nm 和 645 nm 下测定吸光度，以混合液为空白对照。

【实验结果与计算】

提取液中的叶绿素浓度：

$$C_a(mg/L) = 12.7\,OD_{663nm} - 2.69\,OD_{645nm}$$

$$C_b(mg/L) = 12.7\,OD_{645nm} - 2.69\,OD_{663nm}$$

$$C_T(mg/L) = C_a + C_b = 8.02\,OD_{663nm} + 20.21\,OD_{645nm}$$

$$叶绿素含量(mg/g\ 鲜重) = (C_T \times 25)/(1000 \times W)$$

式中，C_T 为提取液中的叶绿素浓度(mg/L)；W 为样品的鲜重(g)。

【注意事项】

1. 实验中，注意乙醇、丙酮等远离火源；

2. 叶绿素要提取充分；

3. 叶绿素提取液要注意避光保存。

【思考题】

为何在样品研磨时，加入少量的碳酸钙粉？

实验 6　果蔬可溶性固形物含量的测定——折射仪法

【实验目的】

1. 掌握可溶性固形物(total soluble solid，TSS)的概念；
2. 掌握手持式糖量仪的工作原理和操作方法；
3. 运用糖量仪测定果蔬的可溶性固形物含量。

【实验原理】

可溶性固形物(TSS)是指所有溶解于水的化合物的总称，包括糖、酸、维生素、矿物质等。在果蔬中，可溶性固形物与其含糖量成正比，是衡量果蔬品质的重要指标。利用手持式糖量仪测定果蔬中的总可溶性固形物含量，可大致表示果蔬的含糖量，了解果蔬的品质，估计果实的成熟度，了解果蔬贮藏过程中的变化。

光线从一种介质进入另一种介质时会产生折射现象，且入射角正弦之比恒为定值，此比值称为折光率。果蔬汁液中可溶性固形物含量与折光率在一定条件下(同一温度、压力)成正比，故测定果蔬汁液的折光率，可求出果蔬汁液的浓度(含糖量的多少)。常用仪器是手持式折光仪，也称为糖镜、手持式糖量仪，该仪器的构造如图 6-1 所示。

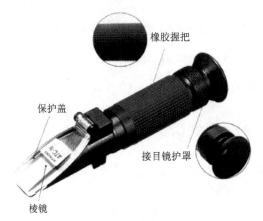

图 6-1　手持式糖量仪

【实验材料】

苹果、梨、桃、柑橘、香蕉、番茄等。

【仪器设备及用品】

手持式糖量仪，匀浆机，蒸馏水，烧杯，滴管，卷纸，纱布等。

【实验步骤】

1. 样品制备

取果蔬样品的可食部位,切碎、混匀。称取一定量的样品经高速匀浆机匀浆,用两层纱布挤出匀浆汁,备用。也可取可食部位进行榨汁,经两层纱布过滤后,获得果汁备用。

在野外操作时,也可以直接取果蔬可食部位,挤出少许果汁用于测定。

2. 糖量仪调零

打开手持式糖量仪保护盖,用干净的纱布或卷纸小心擦干棱镜玻璃面,注意勿损镜面。待镜面干燥后,在棱镜玻璃面上滴 2~3 滴蒸馏水,盖上盖板,使蒸馏水遍布棱镜的表面。将仪器处于水平状态,进光孔对向光源,调整目镜,使镜内的刻度数字清晰,检查视野中明暗交界线是否处在刻度的零线上。若与零线不重合,则旋动刻度调节螺旋,使分界线刚好落在零线上。

3. 样品测定

打开盖板,用纱布或卷纸将水擦干,然后如上法在棱镜玻璃面上滴 2~3 滴果蔬汁样品,进行观测,读取视野中明暗交界线上的刻度(图 6-2)。重复三次。同时记录测定时的温度。

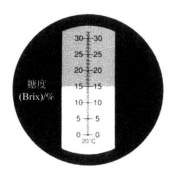

图 6-2 糖量仪刻度表

【实验结果与计算】

测定温度不在 20℃时,查附录一将检测读数校正为 20℃标准温度下的可溶性固形物含量;未经稀释的样品,温度校正后的读数即为试样的可溶性固形物含量;稀释后的试样,需要将此数值乘以稀释倍数。

果蔬品种	总可溶性固形物含量/%			平均/%
	读数 1	读数 2	读数 3	

【注意事项】

　　1. 糖量仪使用前需要校准调零；

　　2. 测定结果受温度影响，参考附录一进行调整；

　　3. 需要多次测定，取其平均值。

【思考题】

　　果蔬可溶性固形物与糖含量之间有何关系？

实验 7　果蔬中可溶性糖的测定——蒽酮比色法

【实验目的】

1. 掌握蒽酮比色法测定可溶性糖含量的原理和方法；
2. 了解果蔬中可溶性糖的提取，并运用该方法开展可溶性糖含量的测定。

【实验原理】

果蔬中的可溶性糖主要是葡萄糖、果糖、蔗糖，其中，葡萄糖和果糖是还原糖，蔗糖为非还原糖。这些糖类的含量不仅决定了果蔬的风味、口感，还与果蔬加工、贮藏期间的生理活动等紧密相关。在果蔬储运加工中，虽然可用糖量仪测定值粗略地表示其可溶性糖含量，但是改变折光率的不仅仅是糖，还包括酸、维生素等水溶性物质，因此不是很准确。

蒽酮比色法是测定样品中可溶性总糖的一个灵敏、快速、简便的方法。其原理是糖类在较高温度下与硫酸作用脱水生成糠醛或糠醛衍生物，后再与蒽酮（$C_{14}H_{10}O$）脱水缩合，形成糠醛的衍生物，呈蓝绿色。该物质在 620 nm 处有最大吸收，在低于 150 μg/mL 的范围内，其颜色的深浅与可溶性糖含量成正比。

这一方法有很高的灵敏度，糖含量在 30 μg/mL 左右就能进行测定，所以可作为微量测糖之用。一般样品少的情况下，采用这一方法比较合适。

【实验材料】

苹果、香蕉、梨、桃等。

【仪器设备及用品】

分光光度计，电热恒温水浴锅，分析天平，试管(或具塞试管)，刻度吸管，研钵，容量瓶等。

【试剂及配制】

1. 蒽酮试剂：称取 200 mg 蒽酮溶于 100 mL 浓硫酸溶液中。当日配制使用。
2. 葡萄糖标准溶液(100 μg/mL)：精确称取 100 mg 干燥葡萄糖，用蒸馏水定容至 1000 mL 备用。

【实验步骤】

1. 葡萄糖标准曲线的制作

取 7 支干燥洁净的试管，按照表 7-1 顺序加入试剂，进行测定。具体如下：每管中加入不同体积的葡萄糖标准液和水(共计 1 mL)立即混匀，迅速置于冰浴中冷却，再向各试管中加入蒽酮试剂 4.0 mL。待各管加完后一起置于沸水浴中，管口加盖，以防蒸发。准确煮沸加热 10 min 后取出，取出用流水冷却。待各管溶液达室温后，用 1 cm 厚度的比色皿，以第一管为空白，在 620 nm 处迅速测其余各管的光吸收值。以标准葡萄糖含量(μg)为横坐标，吸光度为纵坐标，作出标准曲线。

表 7-1　蒽酮比色法测定可溶性糖总量——标准曲线的制作

项目	管号 0	管号 1	管号 2	管号 3	管号 4	管号 5	管号 6
标准葡萄糖溶液/mL	0	0.1	0.2	0.3	0.4	0.6	0.8
蒸馏水/mL	1.0	0.9	0.8	0.7	0.6	0.4	0.2
	置冰水浴中 5 min						
蒽酮试剂/mL	4.0	4.0	4.0	4.0	4.0	4.0	4.0
	沸水浴中准确煮沸 10 min，取出用流水冷却，室温放 10 min，于 620 nm 处比色						
葡萄糖浓度/(mg/mL)							
$A_{620\,nm}$							

2. 样品的制备

称取 10 g 左右的果蔬样品,研磨或捣碎成匀浆,置于 80℃水浴中浸提 30 min,过滤,滤液定容至 500 mL 备用。

3. 样品的测定

吸取上述滤液 1 mL(视情况而定),放入一干洁的试管中,加蒽酮试剂 4 mL混合,于沸水浴中煮沸 10 min,取出冷却,然后于分光光度计上进行测定,波长为 620 nm,测得吸光度。

【实验结果与计算】

从标准曲线上查得滤液中的糖含量(或通过直线回归公式计算),然后再计算样品中含糖的百分数。公式如下：

$$可溶性总糖含量(\%) = (C{\times}V)/(W{\times}10^6) {\times}100$$

式中, V 为果蔬样品经提取后的滤液体积(mL); C 为滤液中的糖含量(μg/mL); W 为果蔬样品的鲜重(g)。

【思考题】

1. 用蒽酮比色法测定样品中糖含量时,应注意什么?为什么?

2. 针对同一果蔬原料,分别采用手持糖量仪、蒽酮比色法测定其糖含量,比较二者是否存在差异及其原因.

实验 8 果蔬中还原糖的测定——3,5-二硝基水杨酸 (DNS) 比色法

【实验目的】

1. 掌握 DNS 比色法测定还原糖的基本原理和方法;
2. 运用 DNS 比色法测定果蔬还原糖的含量。

【实验原理】

还原糖是指含有自由醛基和酮基的糖类, 在果蔬中主要是葡萄糖、果糖。果蔬中的还原糖不仅与果蔬加工有关, 还与贮藏密切相关。在果蔬加工中, 还原糖与氨基酸或蛋白质反应(称为美拉德反应)生成蛋白黑素, 使加工品变色, 此种变色称为非酶褐变; 还原糖特别是果糖具有很强的吸湿性, 因此干制品易吸收周围空气中的水分而生霉。近年的研究表明, 果蔬中的还原糖还与果蔬贮藏期间的抗逆性有关, 如低温冷害期间还原糖的数量会上升, 提高抗冷性。

还原糖在碱性条件下加热可被氧化成糖酸及其他产物, 而氧化剂 3,5-二硝基水杨酸则被还原成棕红色的 3-氨基-5-硝基水杨酸(图 8-1)。在一定范围内, 还原糖的量大小与棕红色物质颜色的深浅成正比, 利用分光光度计在 540 nm 波长下测定光密度值, 查标准曲线并计算, 便可求出样品中还原糖的含量。

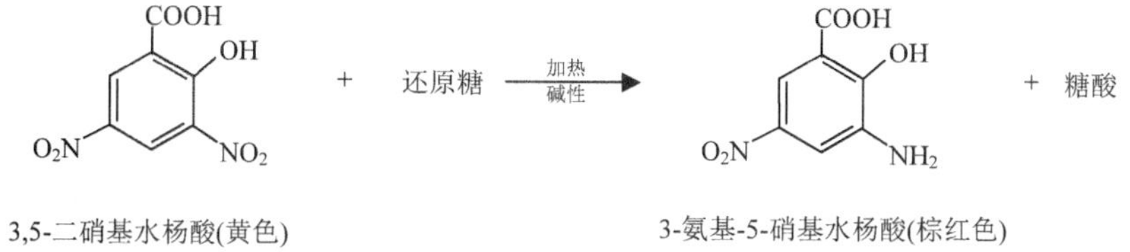

图 8-1 还原糖与 DNS 反应示意图

【实验材料】

苹果、桃、枇杷等果实。

【仪器设备及用品】

分光光度计, 离心机, 水浴锅, 分析天平, 20 mL 具塞玻璃刻度试管, 50 mL 大离心管, 100 mL 烧杯, 100 mL 三角瓶, 100 mL 容量瓶, 1000 mL 容量瓶, 刻度吸管(1 mL, 2 mL, 10 mL)。

【试剂及配制】

1. 1 mg/mL 葡萄糖标准液

准确称取 80℃烘干至恒重的分析纯葡萄糖 100 mg，置于小烧杯中，加少量蒸馏水溶解后，转移到 100 mL 容量瓶中，用蒸馏水定容至 100 mL，混匀，4℃冰箱中保存备用。

2. 3,5-二硝基水杨酸(DNS)试剂

称取 3,5-二硝基水杨酸6.3 g、氢氧化钠21.0 g充分溶解于500 mL 蒸馏水中(蒸馏水先煮沸 10 min 后冷却)。再加入酒石酸钾钠 182.0 g，苯酚(在 50℃水中融化) 5.0 g，亚硫酸钠 5.0 g，搅拌至全溶，定容至 1000 mL。充分溶解后盛于棕色瓶中。

【实验步骤】

1. 制作葡萄糖标准曲线

取 7 支 20 mL 具塞刻度试管编号，按表 8-1 分别加入浓度为 1 mg/mL 的葡萄糖标准液、蒸馏水和 3,5-二硝基水杨酸(DNS)试剂，配成不同葡萄糖含量的反应液。

表 8-1　葡萄糖标准曲线制作

管号	1 mg/mL 葡萄糖标准液/mL	蒸馏水/mL	DNS/mL	葡萄糖含量/mg	吸光值(OD$_{540nm}$)
0	0	2	1.5	0	
1	0.2	1.8	1.5	0.2	
2	0.4	1.6	1.5	0.4	
3	0.6	1.4	1.5	0.6	
4	0.8	1.2	1.5	0.8	
5	1.0	1.0	1.5	1.0	

将各管摇匀，在沸水浴中准确加热 5 min，取出，冷却至室温，用蒸馏水定容至 20 mL，加塞后颠倒混匀，在分光光度计上进行比色。调波长 540 nm，用 0 号管调零点，测出 1~5 号管的光密度值。以光密度值为纵坐标，葡萄糖含量(mg)为横坐标，在 Excel 上绘出标准曲线。

2. 待测液的提取

准确称取均匀样品 100 g，加入 100 mL 蒸馏水，经高速打浆。准确称取浆状物 40 g，移入 100 mL 容量瓶，置于 85℃水浴内 45 min，冷却后先定容后过滤。滤液用于分析测定。

3. 样品测定

取 2 支具塞刻度试管,按照表 8-2 所示分别加入待测液和显色剂,空白调零(可使用制作标准曲线的 0 号管)。加热、定容和比色等其余操作与制作标准曲线相同。

表 8-2　样品还原糖的测定

管号	还原糖待测液/mL	蒸馏水/mL	DNS/mL	吸光值(OD$_{540nm}$)	查标准曲线葡萄糖量/mg
6	0.5	1.5	1.5		
7	0.5	1.5	1.5		

【实验结果与计算】

在标准曲线上分别查出相对应的还原糖含量(mg)，按照下式计算出样品中还原糖的百分含量。

$$还原糖（\%）=\frac{查曲线所得葡萄糖含量（mg）×提取液总体积（mL）}{样品重量（mg）×测定时取用体积(mL)}×100$$

【注意事项】

1. 该方法同样可以用于果蔬中可溶性总糖的测定。提取的样品过滤液加入 6 mol/L HCl 进行加热水解，后加入 6 mol/L NaOH 进行中和。水解液作用总糖的待测液，DNS 法分析还原糖含量，并以下式计算总糖含量。

$$总糖(\%)=\frac{查曲线所得还原糖含量(mg)×稀释倍数}{样品重量(mg)}×0.9×100$$

2. 配置好的 DNS 溶液储于冰箱中，每月配制一次 DNS，且一定要在配制结束后立即转移到小棕色瓶中，同时，使用过程中应尽量减少与空气接触。

【思考题】

DNS 比色法是如何对总糖进行测定的？

实验 9　果蔬 pH、可滴定酸含量和糖酸比的测定

【实验目的】

　　1. 了解果蔬 pH 与可滴定酸的区别；

　　2. 掌握果蔬 pH 与可滴定酸的测定方法；

　　3. 了解糖酸比的计算方法。

【实验原理】

　　酸味是果实的主要风味之一，是由果实内所含的各种有机酸引起的，主要是苹果酸、柠檬酸、酒石酸，另外还有少量的乙二酸、水杨酸和乙酸等。果品品种种类不同，含有有机酸的种类和数量也不同。例如，仁果类、核果类主要是苹果酸；葡萄主要是酒石酸；柑橘类以柠檬酸为主。

　　果蔬的酸味并不取决于酸的总含量，而是由它的 pH 决定。新鲜果实的 pH 一般为 3~4，蔬菜为 5.0~6.4。果蔬中的蛋白质、氨基酸等成分，能阻止酸过多地解离，因此限制氢离子的形成。果蔬经加热处理后，蛋白质凝固，失去缓冲能力，使氢离子更多地增加，pH 下降，酸味增加。

　　测定果蔬的 pH 可以通过榨汁，汁液经酸度计测定读数；果蔬含酸量测定是根据酸碱中和原理，即用已知浓度的氢氧化钠溶液滴定，故测出来的酸量又称为总酸或可滴定酸。

　　糖酸比通常用可溶性固形物含量与含酸量之比来表示，即所谓固酸比。它是果品特征风味指标，是果品化学成熟和感官成熟的指针。果品刚开始成熟时，由于糖含量低、果酸含量高，固酸比低，果实味酸。在成熟过程中，果酸降解、糖含量增加，固酸比升高。过熟果品由于果酸含量非常低而失去特征风味。

【实验材料】

　　苹果、桃、梨、番茄、柑橘等。

【仪器设备及用品】

　　酸度计(pH 计)，榨汁机，高速组织捣碎机，50 mL 或 10 mL 碱性滴定管，200 mL 容量瓶，20 mL 移液管，100 mL 烧杯，研钵，分析天平，磁力搅拌器，漏斗，脱脂棉或滤纸。

【试剂及配制】

　　1. 0.1 mol/L 氢氧化钠标准溶液

　　(1) 配制：称取化学纯 NaOH 4 g，溶于 1000 mL 蒸馏水中。

　　(2) 标定：称取在 105℃ 干燥至恒重的基准邻苯二甲酸氢钾(KHP)约 0.6 g，

精确称定，加新沸过的冷水 50 mL，振摇，使其尽量溶解；加酚酞指示液 2 滴，用 NaOH 滴定；在接近终点时，应使 KHP 完全溶解，滴定至溶液显粉红色。每毫升 NaOH 滴定液(0.1 mol/L)相当于 20.42 mg 的 KHP。

$$N(NaOH) = m/(M \times V)$$

式中，m 为 KHP 的重量；V 为所消耗的 NaOH 溶液体积；M 为 KHP 的相对分子质量(204.22)。

2.1%酚酞指示剂：称取酚酞 0.1 g，溶解于 10 mL 95%乙醇中。

【实验方法】

9.1　pH 的测定

果蔬样品取可食部位，经榨汁机榨汁。多汁水果可以直接捣碎。汁液采用脱脂棉过滤，直接使用酸度计读取滤液的 pH。

9.2　可滴定酸的测定

1. 样品制备

果蔬样品洗净、沥干，用四分法分取可食部分切碎、混匀，称取 250.0 g，准确至 0.1 g，放入高速组织捣碎机内，加入等量蒸馏水，捣碎 1~2 min。每 2 g 匀浆折算为 1 g 试样，称取匀浆 50 g，准确至 0.1 g，用 100 mL 蒸馏水洗入 250 mL 容器瓶，置 75~80℃水浴上加热 30 min，其间摇动数次，取出冷却，加水至 250 mL刻度，摇匀过滤。滤液备用。

2. 电位滴定法

将盛滤液的烧杯置于磁力搅拌器上，放入搅拌棒，插入玻璃电极和甘汞电极，滴定管尖端插入样液内 0.5~1 cm，在不断搅拌下用氢氧化钠溶液迅速滴定至 pH 6，而后减慢滴定速度。当 pH 接近 7.5 时，每次加入 0.1~0.2 mL，记录 pH 读数和氢氧化钠溶液的总体积，继续滴定至 pH =8.3，pH 在 8.1 ± 0.2 的范围内，用内插法求出滴定至 pH 8.1 所消耗的氢氧化钠溶液体积。

3. 指示剂滴定法

根据预测酸度，用移液管吸取 50 mL 或 100 mL 样液，加入酚酞指示剂 5~10滴，用氢氧化钠标准溶液滴定，至出现微红色 30 s 内不褪色为终点，记下所消耗的氢氧化钠体积。

注：有些果蔬样液滴定至接近终点时出现黄褐色，这时可加入样液体积的 1~2倍热水稀释，加入酚酞指示剂 0.5~1 mL，再继续滴定，使酚酞变色易于观察。

9.3　糖酸比的测定

1. SSC 测定

参考可溶性固形物的测定方法测定果实的含糖量。

2. 糖酸比=可溶性固形物含量/可滴定酸含量。

【实验结果与计算】

1. 内插法计算 pH 8.1 时消耗氢氧化钠的体积

数学内插法即直线插入法，将其引入到本实验中，其原理是，若 A 点(pH 小于 8.1 时，消耗的氢氧化钠体积记为 V_1，滴定 pH 记为滴定 pH_1)，B 点(pH 大于 8.1 时，消耗的氢氧化钠体积记为 V_2，滴定 pH 记为滴定 pH_2)为两点，则点 P(pH 为 8.1 时，消耗的氢氧化钠体积记为 V_X)在上述两点确定的直线上。

$$(8.1 - pH_1) / (V_X - V_1) = (pH_2 - pH_1) / (V_2 - V_1)$$

求得 V_X 即滴定至 pH 8.1 所消耗的氢氧化钠溶液体积。

2. 可滴定酸含量的计算

计算公式：

$$含酸量（\%）= \frac{V \times N \times 折算系数 \times B}{b \times A} \times 100$$

式中，V 为 NaOH 溶液用量(mL)；N 为 NaOH 液浓度(mol/L)；A 为样品重量(g)；B 为样品液制成的总体积(mL)；b 为滴定时用的样品液体积(mL)；折算系数以果蔬主要含酸种类计算，如苹果、梨、桃、杏、李、番茄、莴苣主要含苹果酸，以苹果酸计算，其折算系数为 0.067 g；柑橘类以柠檬酸计算，其折算系数为 0.064 g；葡萄以酒石酸计算，其折算系数为 0.075 g。

3. 糖酸比的计算

糖酸比=可溶性固形物含量/可滴定酸含量

【注意事项】

1. 酸度计使用前先预热、校准；

2. 本实验所有蒸馏水应不含二氧化碳或是中性蒸馏水，可在使用前将蒸馏水煮沸、冷却，或加入酚酞指示剂用 0.1 mol/L 氢氧化钠溶液中和至出现微红色。

3. 在测定可滴定酸的实验中，也可以采用果蔬直接榨汁，取定量汁液(10 mL)稀释后(加蒸馏水 20 mL)，直接用 0.1 mol/L NaOH 溶液滴定，以每升果汁中的氢离子浓度代表果蔬含酸量。

【思考题】

在测定果蔬可滴定酸含量时，为何匀浆后的粗提液需要在 75~80℃水浴上加热 30 min？

实验10 高效液相色谱法测定果蔬中的可溶性糖和有机酸的组成和含量

【实验目的】

1. 熟悉高效液相色谱(HPLC)的工作原理及使用操作;

2. 掌握运用 HPLC 测定果蔬中主要的可溶性糖(葡萄糖、果糖、蔗糖)和酸的方法;

3. 掌握运用 HPLC 测定果蔬中主要的有机酸的方法。

【实验原理】

果蔬中的可溶性糖主要是蔗糖、葡萄糖和果糖,有机酸主要是苹果酸、酒石酸和柠檬酸。果蔬中的糖酸含量是果实内在品质构成的重要因子,是构成风味品质的主要因素,同时其糖酸组成也影响到果蔬的储运加工。

在前面的实验中,我们已经介绍了几种测定果蔬中总糖、还原糖和有机酸的方法,但是这些方法都是测定总糖、总酸的含量,没有具体到糖和酸的种类及含量,并且操作烦琐、结果精确性差。

高效液相色谱法(high performance liquid chromatography,HPLC)是在经典的液体柱色谱分析的基础上,在技术上采用高压泵、高效固定相和高灵敏度的检测器,实现了分离速度快、分离效率高和操作自动化的要求,可用于果实中糖、酸组分和含量的测定。

【实验材料】

苹果、桃、梨等果实。

【仪器设备及用品】

高效液相色谱仪(配备示差折光检测器、紫外检测器),氨基色谱柱,C18 色谱柱,进样针,高速离心机,超纯水仪,电子天平,酸度计,超声波清洗器,组织匀浆机,0.45 μm 滤膜,容量瓶。

【试剂药品】

果糖、葡萄糖、蔗糖、乙二酸、酒石酸、苹果酸、抗坏血酸、柠檬酸等标准品(美国 Sigma 公司);KH_2PO_4(分析纯);乙腈、甲醇(色谱纯)。

【实验步骤】

1. 糖组分的 HPLC 测定条件及标准曲线的绘制

糖测定采用 RID 示差折光检测器。色谱条件是:氨基色谱柱(4.6 mm×250 mm,5 μm),柱温25℃,流动相为乙腈:水=85:15($V:V$),流速为 0.9 mL/min,

进样量为 20 μL。

用超纯水配制果糖、葡萄糖和蔗糖的单标溶液，使其浓度均为 50 mg/mL；分别取浓度为 50 mg/mL 的果糖、葡萄糖和蔗糖 0.5 mL、1 mL、2 mL、5 mL、10 mL 于 50 mL 容量瓶中定容，制备成果糖、葡萄糖和蔗糖浓度均为 0.5 mg/mL、1 mg/mL、2 mg/mL、5 mg/mL、10 mg/mL 的混标溶液，备用。

分别取糖含量为 0.5 mg/mL、1 mg/mL、2 mg/mL、5 mg/mL、10 mg/mL 的混标溶液，经 0.45 μm 滤膜过滤后进行液相色谱分析，进样量为 20 μL，混标出峰顺序见图 10-1。以标准品浓度为纵坐标(Y)、标准品峰面积为横坐标(X)绘制工作曲线。

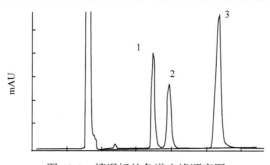

图 10-1　糖混标的色谱出峰顺序图
1. 果糖；2. 葡萄糖；3. 蔗糖

2. 有机酸组分的 HPLC 测定条件

有机酸的测定采用紫外检测器和 C18 色谱柱(250 mm×4.6 mm，5 μm)，流动相为 3% CH_3OH-0.01mol/L KH_2PO_4，pH 2.8，流速 0.8 mL/min，柱温 25℃，进样量 20 μL，检测波长 210 nm。

准确称取乙二酸、抗坏血酸各 5 mg，酒石酸 25 mg，苹果酸、柠檬酸各 50 mg，用流动相溶解并定容至 5 mL 容量瓶中作为对照品储备液。低浓度对照品溶液由储备液稀释而得。绘制标准曲线前，先用 0.45 μm 滤膜过滤，进样量为 20 μL，混标出峰顺序见图 10-2。分析测定峰面积，以有机酸浓度为纵坐标(Y)，峰面积为横坐标(X)，建立线性回归方程。

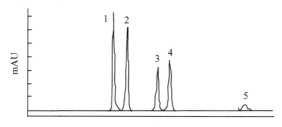

图 10-2　有机酸混标的色谱出峰顺序图
1. 乙二酸；2. 酒石酸；3. 苹果酸；4. 抗坏血酸；5.柠檬酸

3. 样品制备及测定

去皮、去核的果肉经组织匀浆机匀浆后，准确称取 10 g 果浆样品，加入 30 mL 水，水浴超声波提取 10 min，定容到 50 mL，再经 12 000 r/min 高速离心。取上清液，经 0.45 μm 滤膜过滤，滤液置于 1.5 mL 进样瓶中为进行高效液相色谱测定做准备。

对待测的果肉提取液进行高效液相色谱分析，进样量为 20 μL，采用外标法定量，同一样品平行测定 5 次，分别使用不同的色谱条件测定糖和酸的组成和含量。

【注意事项】

1. 使用过程中注意仪器的维护和使用安全；
2. 流动相须经过超声波脱气后方可使用；
3. 此方法也可以用来测定果蔬中维生素 C（抗坏血酸）的含量。

【思考题】

运用高效液相色谱法测定果蔬原料中的可溶性糖和有机酸的优势是什么？

实验 11 果蔬中维生素 C 含量的测定——钼蓝比色法

【实验目的】

掌握使用钼蓝比色法测定果蔬中的维生素 C 含量。

【实验原理】

维生素 C(vitamin C，ascorbic acid，抗坏血酸)是人类营养中最重要的维生素之一，缺少它时会产生坏血病，因此也称为抗坏血酸。它对物质代谢的调节具有重要的作用。近年来，发现它还有抗氧化清除自由基，增强机体对肿瘤的抵抗力，并具有化学致癌物的阻断作用。维生素 C 是一种水溶性维生素，主要存在于新鲜的水果和蔬菜中。随着果蔬新鲜程度的下降，维生素 C 的含量也不断下降。

目前，在食品中测定维生素 C 的方法应用最为普遍的是二氯靛酚法。但是，多数水果蔬菜样品提取液都是有颜色的，这使得滴定终点不易确定；有的即使用白陶土等脱色剂也很难使其脱色，且易造成损失，影响测定结果的准确性。

钼蓝比色法是测定果蔬中还原型维生素 C 含量的一种重要方法。因偏磷酸和钼酸铵反应生成的磷钼酸铵经还原型的维生素 C 还原后生成亮蓝色的络合物，通过分光比色可以测定样品中还原型维生素 C 的含量。原理如下：

$$HPO_3 + H_2O \longrightarrow H_3PO_4$$

$$24(NH_4)_2MoO_4 + 2H_3PO_4 + 21H_2SO_4 \longrightarrow$$
$$2[(NH_4)_3PO_4 \cdot 12MoO_3] + 21(NH_4)_2SO_4 + 24H_2O$$

$$2[(NH_4)_3PO_4 \cdot 12MoO_3] + C_6H_8O_5(还原型维生素\ C) + 3\ H_2SO_4$$
$$\longrightarrow 3[(NH_4)_2SO_4] + C_6H_6O_5\ (氧化型维生素\ C) + 2\ (Mo_2O_5 \cdot 4\ MoO_3)_2 HPO_4 (钼蓝)$$

若反应体系中钼酸盐和偏磷酸都过量，则钼蓝化合物的生成量即溶液蓝色深浅应与还原型含量成正比，通过分光比色的方法可以测定食品中还原型维生素 C 的含量。该方法不仅快速、准确、灵敏度高，而且不受样液颜色的影响。

【实验材料】

草莓、柑橘、苹果等。

【仪器设备及用品】

分光光度计，纯水仪，分析天平，容量瓶，烧杯，研钵(或打碎机)，漏斗。

【试剂及配制】

1.5%钼酸铵(*m/V*)：准确称取钼酸铵 25.00 g，加适量超纯水溶解定容至 500 mL；

2. 乙二酸-EDTA 溶液：准确称取 6.3000 g 乙二酸和 0.0750 g EDTA，用超纯水充分溶解后定容至 1000 mL；

3. 1 mg/mL 维生素 C 标准液：将 0.1000 g 抗坏血酸用上述所配的乙二酸-EDTA 溶液定容于 100 mL 容量瓶中；

4. 3%偏磷酸-乙酸溶液：将 15 g 偏磷酸溶解于 40 mL 乙酸中，稀释至 500 mL，用滤纸过滤，取滤液备用；

5. 5%硫酸溶液：将 5 mL 浓硫酸缓慢加到 95 mL 超纯水中，搅拌均匀待用。

【实验步骤】

1. 标准曲线绘制

分别吸取 0.4 mL、0.6 mL、0.8 mL、1.0 mL、1.2 mL、1.4 mL 的维生素 C 标准溶液于 50 mL 容量瓶中，然后加入 9.6 mL、9.4 mL、9.2 mL、9.0 mL、8.8 mL、8.6 mL 的乙二酸-EDTA 溶液，使总体积达到 10.0 mL。再加入 1.00 mL 的偏磷酸-乙酸溶液和 5%的硫酸 2.0 mL，摇匀加入 4.00 mL 的钼酸铵，以蒸馏水定容到 50 mL，30℃水浴显色 20 min，取出，自然冷却后在 705 nm 下测定吸光值，绘制标准曲线(表 11-1)。以吸光值为横坐标(X)，以维生素 C 标液浓度为纵坐标(Y)，绘制标准曲线，获得标准曲线方程 $Y = kX + b$ 以及相关系数 R^2。

表 11-1　维生素 C 标准曲线

吸光值	维生素 C 标液浓度					
	0.4 mg/mL	0.6 mg/mL	0.8 mg/mL	1.0 mg/mL	1.2 mg/mL	1.4 mg/mL
第一次						
第二次						
第三次						
平均值						

2. 样品测定

准确称取一定量样品，加入乙二酸-EDTA 溶液，捣碎或研磨后定容到 100 mL 容量瓶中，过滤。吸取 10 mL 的过滤液于 50 mL 的容量瓶中，加入 1 mL 的偏磷酸-乙酸溶液、5%的硫酸 2.00 mL，摇匀后加入 4.00 mL 的钼酸铵溶液，以蒸馏水定容至 50 mL，30℃水浴显色 20 min，取出，自然冷却后在 705 nm 下测定吸光值。

【实验结果与计算】

根据样液的吸光值，利用标准曲线 $Y = kX + b$ 计算得到样液中维生素 C 的浓度。

$$维生素 C(mg/g) = C \times V / W$$

式中，C 为测定用样液中的维生素 C 的浓度(mg/mL)；V 为提取液的总体积(mL)；

W 为样品重量(g)。

【注意事项】

在钼蓝比色法中，还原型维生素 C 本身并不参与组成有色化合物，而仅是一种还原型的显色剂。在浓度低时就不能将钼酸铵充分还原。因此，在酸性环境下，多余的钼酸铵就以黄色的钼酸存在，溶液颜色仅是浅黄色，产生偏差。当维生素 C 含量过高时，钼酸铵被全部还原，过量的维生素 C 将部分钼蓝还原为黑棕色的三价钼化合物，也产生偏差。

因此，样品测定时，通过称取的样品重量、提取液的定容体积或加入反应体系的提取液体积等变化，使得最终反应体系的吸光值应该落在标准曲线范围内，提高检测的准确性。

【思考题】

学习了解 2,4-二氯靛酚法测定食品中的维生素 C 含量，比较钼蓝比色法和 2,4-二氯靛酚的优缺点。

实验 12   果蔬中游离氨基酸总量的测定

【实验目的】

掌握水合茚三酮法测定果蔬中游离氨基酸的量。

【实验原理】

许多果品都含有游离氨基酸，果品中的氨基酸种类已有 20 种以上，沙棘、刺梨、猕猴桃、桑葚等果品均富含氨基酸。果蔬中游离氨基酸的组成和含量，因果蔬的种类不同而不同，差异很大。这些氨基酸与果蔬制品中的糖、抗坏血酸和氧化生成物等羰基化合物反应，而发生褐变。氨基酸中，以色氨酸、羟脯氨酸、组氨酸、赖氨酸、天冬氨酸的褐变活性较强。另外，部分果品的国家标准中还规定了氨基酸的重量。因此测定果蔬中的游离氨基酸总量具有重要的意义。

凡含有自由氨基的化合物，如蛋白质、多肽、氨基酸的溶液与水合茚三酮共热时，能产生紫色化合物，可用比色法进行测定。氨基酸与茚三酮的反应分两个步骤(图 12-1)。第一步是氨基酸被氧化形成 CO_2、NH_3 和醛，茚三酮被还原成还原型茚三酮；第二步是所形成的还原型茚三酮与另一个茚三酮分子和 NH_3 缩合生成有色物质。

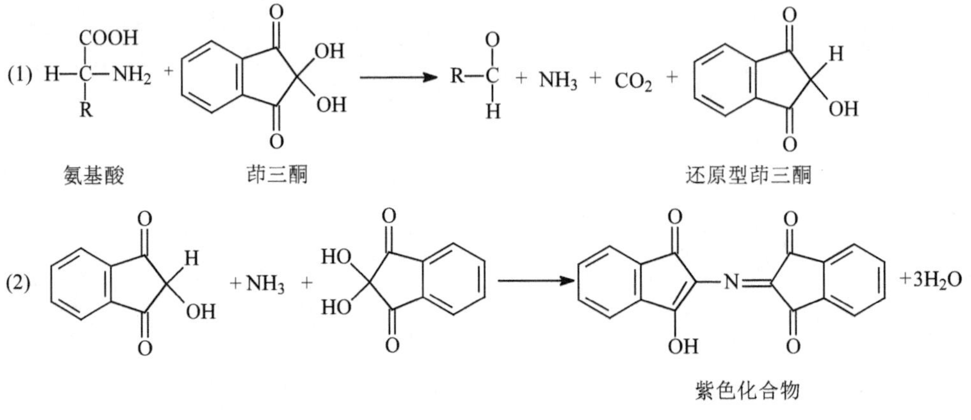

图 12-1   氨基酸与茚三酮反应示意图

【实验材料】

苹果、桃、梨等果实。

【仪器设备及用品】

分光光度计，电子天平，容量瓶，漏斗，滤纸，刻度试管，电炉，水浴锅。

【试剂及配制】

1. 3% 茚三酮试剂 ：称 3 g 茚三酮用 95% 乙醇溶解定容到 100 mL 容量瓶中，储于棕色瓶中。此试剂应放在冷凉处，不宜久放，使用期约 10 天。

2. 氰酸盐缓冲液(按以下方法配制)：

(1)NaCN(氰化钠，sodium cyanide)储备液：0.01 mol/L(490 mg/L)。

(2)乙酸缓冲液：称 360 g 乙酸钠(含三分子结晶水)溶于约 300 mL 无氨蒸馏水中，加 66.67 mL 冰醋酸再用无氨蒸馏水稀释至 1 L。

取溶液(1)20 mL，用溶液(2)定容到 1 L。

3. 标准氨基酸：精确称取在 80℃ 下烘干的亮氨酸 13.1 mg(或 α-丙氨酸 8.9 mg)溶于 10% 的异丙醇中，并在 100 mL 容量瓶中用 10% 异丙醇稀释至刻度，混匀，即为 1 mmol/L 的标准氨基酸储备液，置于 4℃ 左右的冰箱中保存。为了制备工作液，可取储备液与等量无氨蒸馏水混合，此液浓度为 0.5 mmol/L，即 1 mL 含氨基酸 0.5 μmol，或氨基氮 7 μg。

4. 95% 乙醇。

5. 异丙醇(分析纯)。

【实验步骤】

1. 标准曲线的制作

取 20 mL 刻度试管 6 支，按表 12-1 所示加入各试剂。加完试剂后混匀，在 100℃ 水浴中加热 12 min(加热时封口)，取出在冷水中迅速冷却，立即于每管中加入 5 mL 95% 乙醇，塞好塞子，猛摇试管，使加热时形成的红色产物被空气中的氧所氧化而褪色，此时溶液呈蓝紫色，于 570 nm 波长下测其吸光值(以空白管为参比)。每个浓度的标准液重复 3 次，取其吸光值的平均值。以氨基酸浓度为横坐标，平均吸光值为纵坐标，绘制标准曲线，求出直线方程。

表 12-1 各试管加入试剂量

试剂	管号					
	1	2	3	4	5	6
标准氨基酸/mL	0	0.1	0.2	0.3	0.4	0.5
无氨蒸馏水/mL	0.5	0.4	0.3	0.2	0.1	0
氰酸盐缓冲液/mL	0.5	0.5	0.5	0.5	0.5	0.5
3% 茚三酮试剂/mL	0.5	0.5	0.5	0.5	0.5	0.5
每管氨基酸浓度/μmol	0	0.05	0.1	0.15	0.2	0.25

2. 样品提取

果蔬组织切碎、混匀，迅速称取 1~2 g(视氨基酸含量多少而定)，共称 3 份，分别加入 20 mL 刻度试管中，再加蒸馏水 10 mL 盖塞(或系上塑料薄膜)，置沸水浴中 20 min 以提取游离氨基酸,到时取出在自来水中冷却,把上清液滤入 25 mL 容量瓶中,之后再向试管中加 5 mL 蒸馏水,置沸水浴上再加热 10 min,过滤并反复冲洗残渣,最后定容至刻度,摇匀。

3. 样品测定

另取 4 支洁净干燥的试管,其中 3 支分别加入 0.5 mL 提取液,另一支加 0.5 mL 蒸馏水,然后在上述 4 支试管中分别加入 NaCN 缓冲液、水合茚三酮各 0.5 mL,加完试剂后盖塞,置沸水浴上加热 12 min,冷却后,再分别加 5 mL 95%乙醇,摇匀,以空白作参比,在波长 570 nm 下测其吸光值。

根据光密度查标准曲线(或用回归方程计算)即可求出提取液中氨基酸的浓度。

【实验结果与计算】

$$游离氨基酸含量(\mu g/g\ FW) = (C \times V \times 14)\ /\ W$$

式中,C 为由直线方程计算的值,即 0.5 mL 试样中氨基酸的物质的量(μmol);V 为样品提取液经稀释后的总体积(mL);W 为新鲜样品重量(g)。

【注意事项】

1. 茚三酮重结晶:即使 AR 级的茚三酮,由于保管不当,常呈微红色,配成溶液后也呈红色,影响比色测定,故需重结晶一次方可应用。5 g 茚三酮溶于 15 mL 温蒸馏水中,加入 0.25 g 活性炭,轻轻摇动,若溶液太稠不易操作,可酌量加水 5~10 mL,30 min 后用滤纸过滤,滤液放 4℃左右的冰箱中过夜,次晨即见微黄色结晶出现,过滤,再以 1 mL 冷水洗涤结晶,置于干燥器中干燥,最后装入棕色试剂瓶中保存。

2. NaCN 为白色结晶粉末,在潮湿空气中,会因吸收空气中的水及二氧化碳而散发出苦杏仁味的氰化氢气体。易溶于水,水溶液为强碱性。有剧毒,对环境污染严重。故使用时应加强防范。

【思考题】

查找资料,分析氨基酸分析仪分析果蔬组织中氨基酸组成的方法及其特点。

实验 13　果蔬组织中可溶性蛋白质含量的测定——考马斯亮蓝 G250 比色法

【实验目的】

学习和掌握考马斯亮蓝 G250 法测定果蔬组织中可溶性蛋白质含量的原理和方法。

【实验原理】

果蔬体内的可溶性蛋白质含量是一个重要的生理生化指标，如在研究每一种酶的作用时常以比活(酶活力单位/毫克蛋白质, unit/mg protein)表示酶活力大小及酶制剂纯度，这就需要测定蛋白质含量。常用的测定方法有 Lowry 法(劳里法)和考马斯亮蓝 G250 染色法，本实验主要介绍后者。

考马斯亮蓝 G250 测定蛋白质含量属于染料结合法的一种。考马斯亮蓝 G250 在游离状态下呈红色，在稀酸溶液中，当它与蛋白质的疏水区结合后变为青色，前者最大光吸收在 465 nm，后者在 595 nm。在一定蛋白质浓度范围内(1~100 μg)，蛋白质与色素结合物在 595 nm 波长下的光吸收与蛋白质含量成正比，故可用于蛋白质的定量测定。蛋白质与考马斯亮蓝 G250 结合在 2 min 左右的时间内达到平衡，完成反应十分迅速，其结合物在室温下 1 h 内保持稳定。该反应快速灵敏(灵敏度比 Folin 酚法还高 4 倍)、易于操作、干扰物质少(考马斯亮蓝 G250 和蛋白质通过范德华力结合，受蛋白质的特异性影响较小，除组蛋白外，其他不同种类蛋白质染色强度差异不大)，可测定微克级蛋白质含量，是一种比较好的蛋白质定量法。但此方法也存在其缺点，考马斯亮蓝在蛋白质含量很高时线性关系偏低，且不同来源的蛋白质与色素结合状况有所差异。

【实验材料】

苹果、桃、梨等果实。

【仪器设备及用品】

分光光度计，量筒，研钵，烧杯，量瓶，移液管，具塞刻度试管，离心管，离心机。

【试剂及配制】

1. 标准蛋白质溶液：用牛血清白蛋白配成含蛋白质 100 μg/mL 的标准蛋白溶液；

2. 90%乙醇；

3. 85%磷酸(m/V)；

4. 考马斯亮蓝 G250 溶液：称取 100 μg 考马斯亮蓝 G250，溶于 50 mL 90% 的乙醇中，加入 85%的磷酸 100 mL，最后用蒸馏水定容到 1000 mL，储放在棕色瓶中，此溶液在常温下可放置 1 个月。

【实验步骤】

1. 样品的制备

准确称取果蔬样品 1 g，加入 4 mL 蒸馏水研磨成匀浆。将匀浆转移到离心管中，以 4000 r/min 离心 10 min。上清液转移到 10 mL 容量瓶中，并用蒸馏水定容至 10 mL，作为样品待测液。

2. 标准曲线的绘制

取 8 支试管，按照表 13-1 顺序操作，蛋白质含量为 0~100 μg/mL。以蛋白质含量为横坐标，以吸光值为纵坐标绘制标准曲线。从标准曲线上求得样品管中的蛋白质含量。

表 13-1　蛋白质标准曲线制作

项目	管号							
	空白	标准蛋白浓度梯度					样品	
	0	1	2	3	4	5	I	II
牛血清白蛋白标准液/mL		0.2	0.4	0.6	0.8	1.0		
样品待测液/mL							0.5	0.5
蒸馏水/mL	1.0	0.8	0.6	0.4	0.2		0.5	0.5
考马斯亮蓝染色液	各 5.0 mL							
反应	各管混匀，室温下放置 5 min							
比色	以 0 号管为空白参比，测定 595 nm 处的吸光值							
记录吸光值(A_{595nm})								

【实验结果与计算】

$$样品中蛋白质的含量(ug/g) = (C \times V/V_1)/W$$

式中，C 为查标准曲线值(μg)；V 为提取液总体积(mL)；V_1 为测定时加样量(mL)；W 为样品鲜重(g)。

【注意事项】

1. 考马斯亮蓝 G250 所配溶液不稳定，所以每次实验都必须新配，且必须新做标准曲线。

2. 考马斯亮蓝 G250 配制完毕，如果发现溶液中有絮状沉淀，可以用滤纸过滤后使用。如果实验中发现使用过滤后的 G250 溶液在与样品接触后短时间内便发生絮凝，基本可推测该考马斯亮蓝 G250 过期（比较容易出现）。

【思考题】

1. 测定果蔬体内可溶性蛋白质含量有什么意义和用途？

2. 查找资料学习可溶性蛋白质测定的 Lowry 法(劳里法)，比较考马斯亮蓝 G250 和 Lowry 法的优缺点。

实验 14　果蔬抗氧化能力的测定

【实验目的】

　　1. 学习和掌握果蔬中总酚、黄酮、原花青素等抗氧化成分的测定；

　　2. 了解果蔬抗氧化能力测定的原理；

　　3. 掌握部分测定果蔬抗氧化能力的方法。

【实验原理】

　　果蔬不仅能提供身体所需的矿物质、维生素、膳食纤维等营养素，还能提供丰富的具有抗氧化能力的生物活性成分如维生素类、多酚类、黄酮类等，能预防退行性疾病尤其是心血管疾病、癌症等发生。果蔬中含有众多的抗氧化物质，如柑橘中有几十种类黄酮、上百种类胡萝卜素以及酚酸等抗氧化成分，不可能逐一测定其含量；另外，抗氧化成分间可能存在的相互协同或拮抗作用使得样品中抗氧化物质的含量并不能完全反应样品的抗氧化能力。因此，更为关注果蔬制品的总抗氧化能力，果蔬中的抗氧化物质的组成、性质及生物活力决定其总抗氧化能力。

　　评价果蔬总抗氧化能力的方法因其作用机理的差异可分为直接法和间接法。直接法是研究含有抗氧化物质的样品对整个测试系统的氧化降解性，氧化的对象可能为单一脂类、脂混合物等。间接法所研究的是抗氧化物捕捉自由基的能力，即通过稳定的有颜色的自由基与抗氧化物反应，用颜色的变化来反映物质的抗氧化能力，但这种方法与真正的氧化降解无关。一般而言，直接法研究抗氧化物质在自由基的引发、传递、清除等过程中的作用，在理论上更为充分；但实验过程复杂，需要化学动力学的专业知识，不适用于天然样品的检测。间接法测定天然样品消除稳定自由基的能力，是初步判断样品抗氧化能力的快捷的手段；但所得数据不是天然样品阻断氧化过程的定量信息，而且对试剂的浓度、反应的时间等因素依赖性强，重复性较差。虽然间接法有其不可回避的缺陷，但由于间接法有简单、快捷等直接法无法比拟的优点，研究人员更青睐于间接法，并试图通过规范试验条件、减少影响因素等提高检测结果的可比性。

　　目前，应用较为普遍的间接法有 ABTS 法[2,2′-联氮-双-(3-乙基苯并噻唑啉-6-磺酸)]、DPPH 法[1,1-二苯基-2-三硝基苯肼]、FRAP 法[Fe^{3+}还原能力]等。

　　ABTS 法又称为 TEAC 法，是使用最广泛的间接检测方法，可用于亲水性和亲脂性物质抗氧化能力的测定。ABTS 经氧化后生成稳定的蓝绿色阳离子自由基 $ABTS^+$，能溶于水相或酸性乙醇介质中，在 414 nm、645 nm、734 nm 和 815 nm 处有最大吸收。被测物质加入 $ABTS^+$ 溶液后，所含抗氧化成分能与 $ABTS^{+·}$ 发生反应而使反应体系褪色。在 $ABTS^{+\cdot}$ 的最大吸收波长（一般选择 734 nm）检测吸光度的变化，并与 6-羟基-2,5,7,8-四甲基苯并二氢吡喃-2-羧酸[类似于维生素 E 的水溶性物质，Trolox（6-Hydroxy-2,5,7,8-tetram ethylchroman-2- carboxylic acid）]，标准对照体系比较就能换算出被测物质总的抗氧化能力（TEAC 值，即每分子抗氧化物质捕捉 $ABTS^{+\cdot}$ 的数目）。

DPPH 法是最古老的间接测定方法，在 20 世纪 50 年代开始用于天然物质的 H 供体的测定，后用于单一抗氧化物或天然物质的抗氧化能力测试。DPPH·为稳定的自由基，溶于甲醇、乙醇等极性溶剂中，在 515 nm 处有最大吸收。向 DPPH·溶液中加入抗氧化剂时，会发生脱色反应，因此可用吸光度的变化并以 Trolox 等作为对照体系量化抗氧化物质的抗氧化能力，也可用顺磁共振光谱仪（ESR）检测 DPPH 信号强度的变化来反映被测物质的抗氧化能力。DPPH 比 ABTS 有更强的选择性，它不与 B 环上无羟基的黄酮类物质发生反应，也不与芳香酸（aromatic acid）反应；另外，由于血浆中的蛋白质在醇溶液中发生沉淀，该方法也不适用于检测血浆的抗氧化能力。

FRAP 法的基本原理是酚类物质能将 Fe^{3+} 还原成 Fe^{2+}。在 2,4,6-trypyridyl-s-triazine（TPTZ）的乙酸钠溶液（pH 3.6）中，抗氧化物质能将 Fe^{3+} 还原成 Fe^{2+}，并生成蓝色含 Fe^{2+} 的复杂化合物，该物质在 593 nm 处有最大吸收。以抗坏血酸作为基准物质，可采用此方法对不同样品的抗氧化能力进行比较。

【实验材料】

蓝莓、杨梅、草莓等果实。

【仪器设备及用品】

分光光度计，离心机，纯水机，天平，匀浆机，超声波清洗机，水浴锅，量筒，研钵，烧杯，量瓶，移液器，具塞刻度试管。

【试剂药品】

40%乙醇，0.0004% DPPH（1, 1-二苯基苦基苯肼），无水乙醇，维生素 C，NBT，磷酸盐缓冲液（pH 7.4），Folin 酚试剂，Na_2CO_3，没食子酸，亚硝酸钠，硝酸铝，氢氧化钠，芦丁，40 g/L 的香草醛甲醇溶液，浓盐酸，低聚原花青素。

【实验步骤】

1. 水提物的制备

精确称取切碎混匀的果实 10 g，加入 100 mL 蒸馏水于匀浆机中匀浆 2 min，再将匀浆液超声波振荡培养 20 min，提取功率为 200 W，温度为 50℃。提取液经离心、过滤后定容，−20℃保存，待用。

2. 醇提物的制备

精确称取切碎混匀的果实 10 g，加入 40%乙醇 100 mL 于匀浆机中匀浆 2 min，再将匀浆液超声波振荡培养 20 min，提取功率为 200 W，温度为 50℃。提取液经离心、过滤后定容，-20℃保存，待用。

3. 总酚含量的测定

总酚含量的测定采用 Foiln-Ciocalte 法，用没食子酸作标准物。准确移取待测样品提取液 500 μL，分别加入 Folin 酚试剂 2.5 mL，7.5% Na_2CO_3 溶液 2 mL，然后用水定容至 10 mL，混合均匀，在 45℃水浴中反应 15 min。取出样品混合 10 s 后，4000 g 离心 20 min，于 765 nm 波长下测定吸光度。总酚含量表示为每 100 g 鲜样中相当于没食子酸的含量(mg)。

4. 总黄酮含量的测定

准确移取待测样品提取液 1 mL，与 2 mL 去离子水、0.5 mL 5%亚硝酸钠混合，振荡后静止放置 6 min，加入 0.5 mL 10%硝酸铝，振荡后放置 6 min，然后加入 2.5 mL 5%氢氧化钠，振荡后放置 15 min，最后用去离子水定容至 9 mL。于波长 500 nm 处测定混合液的吸光值。以芦丁为对照品，绘制标准曲线。

5. 原花青素含量的测定

准确移取待测样品提取液 1 mL，于 25 mL 比色皿中，再加入 6 mL 浓度为 40 g/L 的香草醛甲醇溶液和 3 mL 的浓盐酸，加塞摇匀，在 20℃± 1℃的避光条件下反应 15 h 后，在 500 nm 波长处测其吸光度，以空白为对照。以 95%的低聚原花青素为标准品，绘制标准曲线。

6. DPPH 清除能力的测定

各取 0.1 mL，加入 3.9 mL 25 mg/L DPPH 甲醇溶液，迅速混匀后避光放置 30 min，于 517 nm 处测定吸光值。以相同体积的甲醇代替试样，测定其吸光值作为空白对照。清除 DPPH 自由基能力用 SC(%) 表示，即 SC(%) = $(1-A_样/A_{对照})×100$。式中，$A_{对照}$为不加样品的溶液在 $t=0$ 时的吸光值。

7. 对超氧阴离子自由基($O^-·_2$)清除能力的测定

配制磷酸盐缓冲液(pH 7.4)含 180 μmol/L 的 NBT，20 μL 次黄嘌呤溶解于 50mmol/L KOH 中。20 μL 样品加入 180 μL NBT 溶液中，再加入 20 μL 黄嘌呤氧化酶。37℃孵育 30 min,然后于 560 nm 处测定吸光度 A，对照液以 1 mL 蒸馏水代替待测液测定值为 A_1。维生素 C 为阳性对照，重复 3 次。对超氧阴离子自由基($O^-·_2$)清除能力用 TR 表示，并可通过下式计算：

$$TR (\%) = (A_1-A)/A_1 ×100$$

【思考题】

1. 在果蔬中哪些化学物质具有抗氧化能力？

2. 影响果实抗氧化能力的因素有哪些？

第二部分　果蔬贮藏及生理生化实验

实验 15　果蔬呼吸强度的测定

【实验目的】

掌握静置法、气流法测定果蔬呼吸强度的原理及方法。

【实验原理】

呼吸作用是果蔬采收后进行的重要生理活动，是新陈代谢的主导过程，是生命存在的标志，它直接影响果蔬产品贮藏运输中的品质与寿命，测定呼吸作用的强度，了解果蔬采收后的生理状态，为低温和气调储运及呼吸热计算提供必要的数据。

呼吸强度的测定通常是采用定量的碱液吸收果蔬在一定时间内呼吸所释放出来的 CO_2 的量，再采用酸滴定剩余的碱液，即可计算出呼吸所释放出的 CO_2 的量，求出呼吸强度，其单位为每千克每小时释放出来的 CO_2 重量(mg)。

$$2NaOH + CO_2 \longrightarrow Na_2CO_3 + H_2O$$

$$Na_2CO_3 + BaCl_2 \longrightarrow BaCO_3 + 2NaCl$$

$$2NaOH + H_2C_2O_4 \longrightarrow Na_2C_2O_4 + 2H_2O$$

果蔬呼吸强度的测定方法主要有静置法、气流法和气相色谱法。本实验要求掌握静置法测定果蔬呼吸强度的方法及原理。

【实验材料】

苹果、桃、梨、香蕉、萝卜、白菜等。

【仪器设备及用品】

真空干燥器，滴定管架，25mL 滴定管，50mL 三角瓶，培养皿，台秤，10 mL 移液管，吸耳球。

【试剂及配制】

1. 0.4 mol/L NaOH 溶液：称取分析纯 NaOH 16 g，用少量蒸馏水溶解后，移入 1000 mL 容量瓶中定容。

2. 0.2 mol/L 乙二酸溶液：准确称取分析纯 $H_2C_2O_4 \cdot 2H_2O$ 12.5072 g，用少量蒸馏水溶解后，移入 1000 mL 容量瓶中稀释定容。

3. 饱和 $BaCl_2$ 溶液：$BaCl_2$ 在 100 mL 水中的溶解度为10℃(23.9 g)、15℃(25.7 g)、20℃(26.4 g)、30℃(27.7 g)、40℃(29.0 g)，可按照室温配置。

4. 酚酞指示剂：称取 0.5 g 酚酞，溶解于 100 mL 95%的乙醇。

5. 钠石灰。

【实验步骤】

15.1 气 流 法

气流法的特点是果蔬处在气流畅通的环境中进行呼吸，比较接近自然状态，因此，可以在恒定的条件下进行较长时间的多次连续测定。测定时使不含 CO_2 的气流通过果蔬呼吸室，将果蔬呼吸时释放的 CO_2 带入吸收管，被管中定量的碱液所吸收，经一定时间的吸收后，取出碱液，用酸滴定，由碱量差值计算出 CO_2 量。

1. 按图 15-1 (暂不连接吸收管)连接好大气采样器，同时检查是否有漏气，开动大气采样器中的空气泵，如果在装有 20% NaOH 溶液的净化瓶中有连续不断的气泡产生，说明整个系统气密性良好，否则应检查各接口是否漏气。

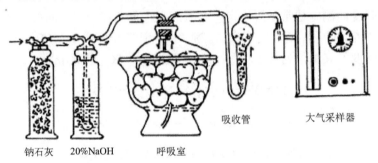

钠石灰　　20%NaOH　　呼吸室　　　　吸收管　　　大气采样器

图 15-1　气流法装置图

2. 用台秤称取果蔬材料 1 kg 左右，放入呼吸室，先将呼吸室与安全瓶连接，拨动开关，将空气流量调节为 0.4 L/min；将定时钟旋钮反时钟方向转到 30 min 处，先使呼吸室抽空平衡半小时，然后连接吸收管开始正式测定。

3. 空白滴定用移液管吸取 0.4 mol/L 的 NaOH 10 mL，放入一支吸收管中；加一滴正丁醇，稍加摇动后再将其中的碱液毫无损失地移到三角瓶中，用煮沸过的蒸馏水冲洗 5 次，直至显中性为止。加少量饱和的 $BaCl_2$ 溶液和酚酞指示剂 2 滴，然后用 0.2 mol/L 乙二酸滴定至粉红色消失即为终点。记下滴定量，重复一次，取平均值，即空白滴定量(V_1)。如果两次滴定相差 0.1 mL，必须重滴一次。同时取一支吸收管装好同量碱液和 1 滴正丁醇，放在大气采样器的管架上备用。

4. 当呼吸室抽空半小时后，立即接上吸收管、把定时针重新转到 30 min 处，调整流量保持 0.4 L/min。待样品测定半小时后，取下吸收管，将碱液移入三角瓶中，加饱和 $BaCl_2$ 5 mL 和酚酞指示剂 2 滴，用乙二酸滴定，操作同空白滴定，记下滴定量(V_2)。

15.2　静　置　法

静置法比较简单，不需要特殊设备。测定时将样品置于干燥器中，干燥器底部放入适量的碱液，果蔬呼吸释放的 CO_2 自然下沉而被碱液吸收，静置一段时间后，取出碱液，用乙二酸滴定，求出呼吸强度。

1．称取试样 1 kg，置于塑料网兜中。用移液管吸取 25 mL 0.4 mol /L NaOH，置于真空干燥器底部的培养皿中，立即将装好样品的网袋放置于干燥器的隔板上（空白试验置空网袋于干燥器内），盖严，计时，打开 U 形管活塞，静置 1~2 h（静置时间记为 H）。

2．静置结束后立即取出培养皿把碱液移入三角瓶中，并用蒸馏水冲洗 4 或 5 次，加饱和 $BaCl_2$ 5 mL，酚酞 2 滴。用 0.2 mol/L 乙二酸滴定，到滴定终点时，滴定体积为 V_2。

3．空白组也在密封 H 小时后取出，滴定步骤同上，得滴定体积 V_1。

【实验结果与计算】

$$呼吸强度[mg\ CO_2 / (kg·h)]=[(V_1-V_2)×N×44] / (W×H)$$

式中，N 为乙二酸物质的量浓度；W 为样品重量(kg)；H 为测定时间(h)；V_1 为对照消耗乙二酸的体积(mL)；V_2 为样品消耗乙二酸的体积(mL)；44 为 CO_2 的相对分子质量。

【注意事项】

操作过程中，动作要迅速、注意密封，减少空气和口鼻呼吸中二氧化碳的影响。

【思考题】

试分析本实验中影响呼吸强度的因素，怎样才能获得比较正确的测定结果？

实验 16　果蔬乙烯生成速率的测定

【实验目的】

掌握气相色谱法测定果蔬乙烯的原理及方法。

【实验原理】

乙烯是一种以气体形式存在的植物内源激素，参与和调节果蔬成熟、衰老、逆境伤害等生理过程。准确测定果蔬乙烯释放量对于研究果蔬采后生理有着重要意义。

测定果实中乙烯浓度的方法是收集果实中或密闭环境中的气体样品，然后将此气样通过气相色谱仪(GC)进行测定。GC 具有灵敏度高、稳定性好等优点。色谱仪中的分离系统包括固定相和流动相。由于固定相和流动相对各种物质的吸附或溶解能力不同，因此各种物质的分配系数(或吸附能力)不一样。当含混合物的待测样(含乙烯的混合气)进入固定相以后，不断通入载气(通常为 N_2 或 H_2)，待测物不断地再分配，最后，按照分配系数大小顺序依次被分离，并进入检测系统得到检测。检测信号的大小反映出物质含量的多少，在记录仪上就呈现出色谱图。要使待测物得到充分的分离，就需要一种合适的固定相。乙烯往往与乙炔、乙烷难以分离，而采用 GD×502 作为固定相则会有比较满意的效果。

【实验材料】

苹果、梨、桃、番茄、香蕉等果实样品。

【仪器设备及用品】

气相色谱仪，10 mL 注射器，进样针，真空干燥器，青霉素瓶。

【试剂药品】

标准乙烯。

【实验步骤】

1. 材料处理

取试验材料 1 kg，置于密闭的容器中若干小时。用 10 mL 注射器从密闭容器中抽取气体样品。青霉素小瓶中装满水、赶净所有的气体，利用排水法将气体注入小瓶中，部分水排出，用青霉素瓶中剩余的水密封气体，备检。

2. 启动 GC

启动步骤如下：①检测仪器各部件是否复位。若没有，需复位。②打开载气(N_2)，将压力调至($5\ kg/cm^2$)。然后打开仪器上的 N_2 阀，将流速调至 25 m/min(管道 1，管道 2 一样)。③插上电源，打开仪器上电源开关。④调节柱温至 60℃，将进样口温度调至 100℃(乙烯为气体,进样口温度不需太高)。⑤打开点火装置电源及空气压缩机开关、调节适当的量程和衰减(range and attenuation)(关机时,量程应打至 1,衰减为∞)。⑥打开钢瓶氢气阀,调压力为 1.0 kg/cm²(两管道一样),同时将空气压力调至 0.5 kg/cm²。⑦点火:空气和氢气调好后,将选择键打到 ON 位置。按点火键 10 s 左右,氢气即可在燃烧室燃烧。⑧条件选择:将选择键打到 2,并将空气压力调至 1.0 kg/cm²,氢气调至 0.5~0.7 kg/cm²(两管道一样)。待基线稳定后即可正式测定。

3. 测定

①取一定浓度(μL/L,以 N_2 作为稀释剂),一定量(100~1000 μL)的标准乙烯进样,并注意出峰时间。待乙烯峰至顶端时即为乙烯的保留时间,重复 3 或 4 次,得到平均值。该平均值即作为样品中乙烯定性的依据之一。②取同样量的待测样品,注入色谱柱(进样)。待样品峰全部出完后,即可测定下一个样品。③定性。外标法定性:样品中与标准乙烯保留时间相同的峰,即为样品乙烯峰;内标法定性:在得到某一样品的色谱图后,向该样品中加入一定量的标准乙烯进样,若某峰增高,该峰即为样品中的乙烯峰。

4. 关机步骤

待得到所有样品的色谱图后,可关机。关机步骤:①关掉氢气总阀或氮气总阀。②关掉空气压缩机。③将量程或衰减复位,选择键打到 OFF。④关闭记录仪。⑤待 H_2、N_2 全部排完后,将所有阀复位。⑥关主机电源,并拔下插头。

【实验结果与计算】

$$样品中乙烯浓度(\mu L/L) = 样品峰高×标样浓度/标准峰高$$

$$样品乙烯生成速率[\mu L/(g \cdot h)] = 乙烯浓度(\mu L/L)×容器体积(L)/密封时间(h)×样品重量(g)$$

【注意事项】

1. 在利用青霉素瓶密封气体的时候,一定要确保青霉素瓶装满水、赶净所有气体;在操作和保存的过程中,注意保持水的密封,防止漏进空气。

2. 注意氢气瓶的安全,使用前先检测氢气瓶的阀门、减压阀是否漏气或者安装氢气监测装置。

【思考题】

分析测定不同品质、成熟度或不同贮藏温度下果实的乙烯释放量,并比较其差异?

实验 17 果蔬中纤维素含量的测定

【实验目的】

掌握果蔬中纤维素含量的测定原理及方法。

【实验原理】

纤维素是植物细胞壁的主要成分之一，它常与果胶等结合。纤维素的含量直接关系到植物细胞的机械强度。果蔬中的纤维素含量不仅影响其细胞机械强度，更影响其质地和食用品质，影响防御微生物入侵的能力。纤维素为 β-葡萄糖残基组成的多糖，纤维素和硫酸在加热之后，水解为 β-葡萄糖，β-葡萄糖在强酸的作用下，可脱水生成 β-糠醛类化合物。β-糠醛类化合物与蒽酮脱水缩合，生成黄色的糠醛衍生物。因此可根据 β-葡糖糖的含量换算出纤维素含量。

【实验材料】

苹果、梨、枇杷、芹菜、韭菜等。

【仪器设备及用品】

分光光度计，分析天平，水浴锅，电炉，小试管，量筒，烧杯，移液管，容量瓶，布氏漏斗，具塞试管等。

【试剂及配制】

1. 2%蒽酮试剂：将 2 g 蒽酮溶解于 100 mL 乙酸乙酯中，储放于棕色试剂瓶中。

2. 纤维素标准液：准确称取 100 mg 纯纤维素，放入 100 mL 量瓶中，将量瓶放入冰浴中，然后加冷的 60%硫酸 60~70 mL，在冷的条件下消化处理 20~30 min，用 60%硫酸稀释至刻度，摇匀，然后吸取此液 5.0 mL 放入另一 50 mL 量瓶中，将量瓶放入冰浴中，加蒸馏水稀释至刻度，每毫升含 100 μg 纤维素；

3. 60%硫酸溶液。

4. 浓硫酸。

【实验步骤】

1. 纤维素标准回归方程

(1) 取 6 支小试管，分别放入 0 mL、0.40 mL、0.80 mL、1.20 mL、1.60 mL 和 2.00 mL 纤维素标准液，然后依次分别加入 2.00 mL、1.60 mL、1.20 mL、0.80 mL、0.40 mL、0 mL 蒸馏水，摇匀，则每管依次含纤维素 0 μg，40 μg，80μg，120 μg，200 μg。

(2) 向每管中加入 0.5 mL 2%蒽酮，再沿管壁加 5.0 mL 浓硫酸，塞上塞子，摇匀，静置 1 min。然后在 620 nm 波长下，测定不同浓度纤维数溶液的吸光度。

（3）以测得的吸光度为 Y 值，对应的纤维素含量为 X 值，求得 Y 随 X 而变的回归方程。

2. **样品纤维素含量的测定**

（1）称取切碎、混匀的果蔬组织样品 5 g 于烧杯中，将烧杯制冷水浴中，加入 60%硫酸 60 mL，并消化 30 min，然后将消化好的纤维素溶液转入 100 mL 容量瓶，并用 60%硫酸定容至刻度，摇匀后用布氏漏斗过滤于另一烧杯中。

（2）取上述过滤后的溶液 2 mL 于具塞试管中，加入 0.5 mL 2%蒽酮试剂，并沿管壁加 5 mL 浓硫酸，塞上塞子，摇匀，静置 12 min，然后在 620 nm 波长下测其吸光度。

【实验结果与计算】

根据测得的吸光度按回归方程求出纤维素的含量，然后按下式计算样品纤维素的含量：

$$Y(\%) = 10^{-6} \times a / W \times 100$$

式中，X 为按回归方程计算出的纤维素含量(μg)；W 为样品重量(g)；10^{-6} 为将μg 换算成 g 的系数；α 为样品稀释倍数；Y 为样品中纤维素的含量(%)。

【注意事项】

1. 根据试样中的纤维素含量高低，合理选择取样量、稀释倍数，使样品测定吸光值处于标准曲线范围内。

2. 注意浓硫酸使用的安全性。

【思考题】

果蔬采后贮藏期间，苹果、梨等果实软化；而芹菜、韭菜等变老，咀嚼时残渣较多。通过测定纤维素含量的变化分析其原因。

实验18 果蔬中纤维素酶(Cx)活性的测定

【实验目的】

学习和掌握 3,5-二硝基水杨酸(DNS)法测定果蔬中纤维素酶(Cx)活力的原理和方法。

【实验原理】

纤维素酶水解纤维素产生的纤维二糖、葡萄糖等还原糖,还原糖能将碱性条件下的 3,5-二硝基水杨酸(DNS)还原,生成棕红色的氨基化合物,在 540 nm 波长处有最大光吸收,在一定范围内还原糖的量与反应液的颜色成正比,利用比色法测定其还原糖生成的量就可测定纤维素酶的活力。

【实验材料】

苹果、梨、草莓等果实。

【仪器设备及用品】

分光光度计,水浴锅,分析天平,容量瓶,量筒,移液管,烧杯,滤纸等。

【试剂及配制】

1. 1 mg/mL 的葡萄糖标准液

将葡萄糖在恒温干燥箱中 105℃下干燥至恒重,准确称取 100 mg 于 100 mL 小烧杯中,用少量蒸馏水溶解后,移入 100 mL 容量瓶中用蒸馏水定容至 100 mL,充分混匀。4℃冰箱中保存(可用 12~15 天)。

2. 3,5-二硝基水杨酸(DNS)溶液

准确称取 DNS 6.3 g 于 500 mL 大烧杯中,用少量蒸馏水溶解后,加入 2 mol/L NaOH 溶液 262 mL,再加到 500 mL 含有 185 g 酒石酸钾钠($C_4H_4O_6KNa·4H_2O$,$M_w = 282.22$)的热水溶液中,再加 5 g 结晶酚(C_6H_5OH,$M_w = 94.11$)和 5 g 无水亚硫酸钠(Na_2SO_3,$M_w = 126.04$),搅拌溶解,冷却后移入 1000 mL 容量瓶中用蒸馏水定容至 1000 mL,充分混匀。储于棕色瓶中,室温放置一周后使用。

3. 0.05 mol/L pH 4.5 的柠檬酸缓冲液

A 液(0.1 mol/L 柠檬酸溶液):准确称取 $C_6H_8O_7·H_2O$($M_w = 210.14$)21.014 g 于 500 mL 大烧杯中,用少量蒸馏水溶解后,移入 1000 mL 容量瓶中用蒸馏水定容至 1000 mL,充分混匀。4℃冰箱中保存备用。

B 液(0.1 mol/L 柠檬酸钠溶液):准确称取 $Na_3C_6H_5O_7·2H_2O$($M_w = 294.12$)29.412 g 于 500 mL 大烧杯中,用少量蒸馏水溶解后,移入 1000 mL 容量瓶中,然后用蒸馏水定容至 1000 mL,充分混匀。4℃冰箱中保存备用。

取上述 A 液 27.12 mL，B 液 22.88 mL，充分混匀后移入 100 mL 容量瓶中用蒸馏水定容至 100 mL，充分混匀，即为 0.05 mol/L pH 4.5 的柠檬酸缓冲液。4℃冰箱中保存备用，用于测定滤纸酶活力。

4. 0.05 mol/L pH 5.0 的柠檬酸缓冲液

取上述 A 液 20.5 mL，B 液 29.5 mL，充分混匀后移入 100 mL 容量瓶中用蒸馏水定容至 100 mL，充分混匀。即为 0.05 mol/L pH 5.0 的柠檬酸缓冲液。4℃冰箱中保存备用。

5. 0.51%羧甲基纤维素钠(CMC)溶液

精确称取 0.51 g CMC 于 100 mL 小烧杯中，加入适量 0.05 mol/L pH 5.0 的柠檬酸缓冲液，加热溶解后移入 100 mL 容量瓶中并用 0.05 mol/L pH 5.0 的柠檬酸缓冲液定容至 100 mL，用前充分摇匀。4℃冰箱中保存备用，用于测定酶活力。

【实验步骤】

1. 葡萄糖标准曲线的制作

取 6 支洗净烘干的 20 mL 具塞刻度试管，编号后按表 18-1 加入标准葡萄糖溶液和蒸馏水，配制成一系列不同浓度的葡萄糖溶液。充分摇匀后，向各试管中加入 1.5 mL DNS 溶液，摇匀后沸水浴 5 min，取出冷却后用蒸馏水定容至 20 mL，充分混匀。在 540 nm 波长下，以 1 号试管溶液作为空白对照，调零点，测定其他各管溶液的光密度值并记录结果。以葡萄糖含量(mg)为横坐标，以对应的光密度值为纵坐标，在坐标纸上绘制出葡萄糖标准曲线。

表 18-1　葡萄糖标准曲线制作

试剂	管号					
	0	1	2	3	4	5
1 mg/mL 葡萄糖标准液/mL	0	0.2	0.4	0.6	0.8	1.0
蒸馏水/mL	2	1.8	1.6	1.4	1.2	1.0
葡萄糖含量/mg	0	0.2	0.4	0.6	0.8	1.0

2. 粗酶液的提取

称取 10 g 果实样品，加 1 g 聚乙烯吡咯烷酮于 20 mL pH 5.0 的柠檬酸缓冲液，冰浴研磨，4℃、10 000 r/min 离心 30 min，收集上清液备用，并测定其体积。

3. 样品的测定

取 4 支洗净烘干的 20 mL 具塞刻度试管，编号后各加入 1.5 mL 0.51% CMC 柠檬酸缓冲液，并向 1 号试管中加入 1.5 mL DNS 溶液以钝化酶活性，作为空白对照，比色时调零用。

将 4 支试管同时在 50℃水浴中预热 5~10 min，再各加入稀释 5 倍后的酶液 0.5 mL，50℃水浴中保温 30 min 后取出，立即向 2 号、3 号、4 号试管中各加入

1.5 mL DNS 溶液以终止酶反应，充分摇匀后沸水浴 5 min，取出冷却后用蒸馏水定容至 20 mL，充分混匀。以 1 号试管溶液为空白对照调零点，在 540 nm 波长下测定 2 号、3 号、4 号试管液的吸光度值并记录结果。

【实验结果与计算】

根据 3 个重复光密度的平均值，在标准曲线上查出对应的葡萄糖含量，按下式计算出 Cx 酶活力(U/g)。在上述条件下，每小时由底物生成 1 μmol 葡萄糖所需的酶量定义为一个酶活力单位(U)。

$$Cx(U/g) = \frac{\text{葡萄糖含量（mg）} \times \text{粗酶液体积（mL）} \times 5.56}{\text{反应液中加入的酶液体积（mL）} \times \text{样品重量（g）} \times \text{时间（h）}}$$

【注意事项】

1. 反应液中的纤维素酶液体积，根据具体的酶活力大小进行调整；

2. 测定时调零管一定在各管都测定完成后，方可从比色杯中弃掉。

【思考题】

查找文献，分析比较以滤纸、脱脂棉和 CMC 为底物测定的纤维素酶的差异。

实验 19　果蔬中不同溶解性果胶含量的测定

【实验目的】

　　1. 掌握果蔬中乙醇不溶物的制备；

　　2. 掌握不同溶解性果胶的浸提方法；

　　3. 比色法测定不同溶解性果胶的原理及方法。

【实验目的】

　　果胶物质是果蔬组织中普遍存在的多糖物质。柑橘、苹果、山楂、龙眼、荔枝、柿子等果实都含有大量果胶。果胶质以原果胶、果胶和果胶酸等 3 种不同形态存在于果实组织中。在未成熟果实中，原果胶在细胞壁内与纤维素连在一起，不溶于水，果实质地硬脆。随着果实成熟时，原果胶被分解为果胶，果胶溶于水，果实质地变软。果胶在果胶酶的作用下变成果胶酸。果胶酸无黏性，不溶于水，果蔬软烂。因此，在贮藏过程中常测定非水溶性果胶和水溶性果胶来反映果胶的变化。也有研究进一步将其分为 H_2O 溶性果胶、CDTA(环己二胺四乙酸)溶性果胶、Na_2CO_3 溶性果胶和 H_2SO_4 溶性果胶。

　　不同溶解性的果胶组分和硫酸一起加热之后，水解为半乳糖醛酸。半乳糖醛酸与咔唑生成特殊的紫红色化合物，其呈色强度与半乳糖醛酸浓度成正比，在一定浓度范围内符合比尔定律，其结果用果胶酸(半乳糖醛酸)表示。

【实验材料】

　　苹果、山楂、南瓜、胡萝卜等。

【仪器设备及用品】

　　分光光度计，分析天平，组织匀浆机，真空泵，布氏漏斗，滤纸，水浴锅，容量瓶，烧杯等。

【试剂及配制】

　　70%乙醇，无水乙醇，0.02 mol/L CDTA，0.05 mol/L Na_2CO_3，67%硫酸，浓硫酸，0.15%咔唑，半乳糖醛酸标准品。

　　0.15%咔唑乙醇溶液的配制：称取化学纯咔唑 0.150 g，溶解于乙醇中并定容到 100 mL。咔唑溶解缓慢，需加以搅拌。

【实验步骤】

　　1. AIS 的制备

　　果蔬样品取可食部分，切碎、混匀，四分法称取 100g (m)，放入高速组织匀浆机中，加 70%乙醇 200 mL，匀浆 3 min，抽滤。滤渣再用 70%乙醇 200 mL 匀浆、抽滤。最后用 100%乙醇 200 mL 匀浆，过滤，得到白色粉末在室温下过夜。所得固体粉末即为乙醇不溶物(AIS)，称重计量 AIS 重量(W_1)。

2. 不同溶解性果胶的制备

称取 1 g AIS(记为 W_2)，先用 100 mL 蒸馏水静提 3 h，抽滤，滤渣再用蒸馏水洗涤，滤液定容至 200 mL，得到 H_2O 溶性果胶；该残渣用 100 mL 0.02 mol/L CDTA 溶液提取 6 h，抽滤，滤渣再用 EDTA 溶液洗涤，滤液定容至 200 mL，得到 EDTA 溶性果胶；残渣继续用 100 mL 0.05 mol/L Na_2CO_3 溶液提取 2 h，抽滤，滤渣再用 Na_2CO_3 溶液洗涤，滤液定容至 200 mL，得到 Na_2CO_3 溶性果胶；不溶的剩余物用 100 mL 67%的 H_2SO_4 溶解，抽滤后定容至 200 mL，得到 H_2SO_4 溶性果胶。不同溶解性果胶提取液定容后的体积记为 V。

3. 样品的测定

将 5 mL 硫酸加入 20 mL 试管中，冰浴冷却到 4℃，再加入 1 mL 待测样液于硫酸上层，盖塞，轻轻摇匀。试管在沸水浴中加热 10 min，待冷却至室温后继续冰浴冷却到 4℃，缓慢加入 0.15% 0.2 mL 咔唑试剂，再在沸水浴中加热 15 min，冷却至室温，在 530 nm 处比色，记录吸光值。

4. 标准曲线的绘制

半乳糖醛酸标准溶液：称取半乳糖醛酸 100 mg，溶于蒸馏水中并定容至 100 mL，即 100 μg/mL。吸取半乳糖醛酸标准溶液 0 mL、1 mL、2 mL、3 mL、4 mL、5 mL、6 mL 和 7mL，分别定容至 10 mL，果胶酸浓度相应为 0 μg/mL、10 μg/mL、20 μg/mL、30 μg/mL、40 μg/mL、50 μg/mL、60 μg/mL 和 70 μg/mL。各吸取上述半乳糖醛酸标准液 1 mL，按照上述样品测定方法，测定 530 nm 吸光度。以测得的吸光度为 Y 值，对应的半乳糖醛酸浓度为 X 值，求得 Y 随 X 而变的回归方程。

【实验结果与计算】

计算样品中不同溶解性果胶酸的含量：

$$X = (c \times V \times W_1)/(m \times W_2)$$

式中，X 为样品中不同溶解性果胶含量(ug/g 鲜重)；c 为根据样品待测液吸光度，从标准曲线上查得其果胶酸的浓度(mg/mL)；m 为样品质量(g)；V 为不同组分提取液定容后的体积(mL)；W_1 为 AIS 重量(g)；W_2 为称取的 AIS 重量(g)。

【注意事项】

在添加咔唑试剂后的显色过程中，常出现异常的蓝色，严重影响测定，困扰实验者。从以下几个方面可较好地避免这一异常情况的出现：玻璃仪器清洗要干净；浓硫酸的质量要好、杂质少；在样品测定过程中，每一步都要注意冰浴降温充分；在添加完咔唑试剂后，试管平稳地放入沸水浴中，先加热约 5 min

再混匀。

【思考题】

不同溶解性果胶的变化与果蔬质地有何关系？

实验 20　果蔬中果胶酯酶(PE)和多聚半乳糖醛酸酶 (PG)活性测定

【实验目的】

1. 了解果胶酯酶(PE)和多聚半乳糖醛酸酶(PG)在果蔬软化中的作用;
2. 掌握 PE 和 PG 活性测试原理及方法。

【实验原理】

果胶酶是催化果胶物质水解的酶类。果胶物质是由原果胶、果胶酯酸和果胶酸三种主要成分组成的混合物,果胶酶按其催化分解化学键的不同,可分为果胶(甲)酯酶(PE)和多聚半乳糖醛酸酶(PG)两种,果胶酯酶催化果胶酯酸(多聚半乳糖醛酸甲酯)的酯键水解,产生果胶酸和甲醇。可用 NaOH 滴定酶解反应所产生的果胶酸来测定果胶酯酶的活力。PG 果胶酶催化水解果胶酸(多聚半乳糖醛酸)的 1,4-糖苷键,生成半乳糖醛酸。半乳糖醛酸的醛基具有还原性,可用亚碘酸法定量测定,以产生半乳糖醛酸的多少来表示此酶的活力。

【实验材料】

苹果、番茄、香蕉、桃等果实。

【仪器设备及用品】

滴定管,研钵,移液管,三角瓶,恒温水浴箱,容量瓶,离心机,玻璃漏斗。

【试剂及配制】

0.05 mol/L NaOH 溶液,1 mol/L HCl,0.5%可溶性淀粉溶液,1%和 0.5%氯化钠溶液,0.5%中性红乙醇(75%)溶液,1%果胶溶液,0.05 mol/L 硫代硫酸钠溶液,1 mol/L Na_2CO_3 溶液,0.1 mol/L I_2-KI 溶液。

其中,1%果胶溶液:称取果胶粉 1 g 于 250 mL 烧杯中,加入 100 mL 0.5% NaCl溶液,加热溶解、过滤、冷却,加蒸馏水到 100 mL;

0.05 mol/L 硫代硫酸钠($Na_2S_2O_3$)溶液:称取 12.41 g $Na_2S_2O_3$,用蒸馏水溶解后,用容量瓶定容到 1000 mL,1 周后用重铬酸钾标定。

1 mol/L Na_2CO_3 溶液:称取 53 g 无水碳酸钠,于烧杯内用蒸馏水溶解,用容量瓶定容到 500 mL。

0.1 mol/L I_2-KI 溶液:称 2.5 g KI,溶于 5 mL 蒸馏水中,另取 1.27 g I_2,溶于KI 溶液中,待 I_2 全部溶解后,定容到 100 mL,储存于棕色试剂瓶中。

重铬酸钾溶液:将分析纯的重铬酸钾置于 105℃烘箱内烘干 2 h,后移入干燥器内冷却到室温，准确称取重铬酸钾 2.4520 g，用蒸馏水溶解，用容量瓶定容到 100 mL，此液的浓度约为 0.0083 mol/L。

硫代硫酸钠浓度的标定：取 3 个 100 mL 的三角瓶，各加入 10 mL 蒸馏水、0.1 g KI、10 mL 重铬酸钾溶液和 1 mol/L HCl 于三角瓶内，当 KI 溶解后，立即用硫代硫酸钠滴定，当滴至溶液微黄时，加入 1~2 滴 0.5%淀粉溶液，继续滴定到蓝色突然消失，记录硫代硫酸钠的用量，求出平均值，计算硫代硫酸钠的浓度。

【实验步骤】

1. 酶液的制备

取果实样品 20 g，切碎，加入 20 mL 1%NaCl 溶液，匀浆，匀浆液全部转入离心管中，于 10 000 r/min 离心 10 min，上清液移入 100 mL 容量瓶中。再用 20 mL 0.5% NaCl 溶液提取沉淀两次，提取液并入容量瓶中，用 0.5% NaCl 溶液定容到 100 mL。此液为粗酶液。

2. 果胶甲酯酶(PE)活力的测定

取 20 mL 含 0.5% NaCl 的 1%果胶溶液 2 份，放入 100 mL 三角瓶中，加入 2 滴中性红溶液，用 0.05 mol/L NaOH 滴定到红色刚刚消失。将三角瓶放入 30℃恒温水浴中预热 3 min，加入 1mL pH 7.0 的酶液，摇动，立即计时，观察颜色的变化。待红色出现后，滴加 0.05 mol/L NaOH 到红色消失。重复此步操作，实验进行 30 min，记录 30 min 内滴加的 NaOH 量。加入的 NaOH 的物质的量，就是酶解后释放的游离羧基的物质的量。

3. 多聚半乳糖醛酸酶(PG)活力的测定

取 10 mL 1%果胶溶液 4 份，分别放入 250 mL 三角瓶中，加 5 mL 水，调 pH 到 3.5。其中两瓶加入 10 mL pH 3.5 的酶液，另两瓶加入 10 mL 预先在沸水浴中钝化过的酶液(pH 3.5)，作为对照处理，于 50℃水浴中保温 2 h。反应结束后，取出三角瓶，将两瓶含活酶液的样品放入 100℃沸水浴中加热 5 min，然后用冷水冷却到室温。向每瓶加入 5 mL 1mol/L Na_2CO_3、20 mL 1mol/L I_2-KI 溶液，加塞，室温下静置 20 min。待反应结束后，向每瓶内加入 10 mL 1mol/L H_2SO_4。用 0.05 mol/L 硫代硫酸钠滴定到淡黄色，加 3 滴 0.5%淀粉溶液，再用硫代硫酸钠继续滴定到蓝色消失。

【实验结果与计算】

1. 果胶甲酯酶(PE)活力

以每毫升酶液每分钟内释放 1mmol CH_3O^-为 1 个酶活力单位。

$$PE\ 酶活力单位\,(mmol\ CH_3O^-/min) = (0.05 \times V_1)/(V_2 \times t)$$

式中，0.05 为 NaOH 的浓度(mol/L)；V_1 为消耗的 NaOH 的体积(mL)；V_2 为反应系统内加入酶液的体积(mL)；t 为酶促反应时间(min)。

2. 多聚半乳糖醛酸酶(PG)活力

以每毫升酶液 1 h 内催化产生 1 mmol 游离半乳糖醛酸为 1 个酶活力单位。

$$\text{PG 酶活力单位(mmol 半乳糖醛酸/h)} = [0.51 \times (V_3 - V_4) \times c] / (V_2 \times t)$$

式中，V_3 为样品消耗硫代硫酸钠的体积(mL)；V_4 为对照消耗硫代硫酸钠的体积 (mL)；c 为硫代硫酸钠的浓度；V_2 为反应系统内加入酶液的体积(mL)；t 为酶促 反应时间(h)；0.51 为 1 mmol/L 硫代硫酸钠相当于 0.5~1 mmol/L 游离半乳糖醛酸。

【注意事项】

注意酶反应的最适 pH。

【思考题】

1. 果胶酶在果实成熟中有何生理作用？

2. 酶活力测定时温度、时间是如何确定的？在实验中如何进行控制？

实验 21   果蔬组织中超氧化物歧化酶(SOD)活性测定

【实验目的】

1. 了解果蔬贮藏期间超氧化物歧化酶(SOD)所发挥的生理作用;

2. 掌握果蔬组织中 SOD 的测定原理及方法。

【实验原理】

超氧化物歧化酶(superoxide dismutase,SOD)是生物体内普遍存在的参与氧代谢的一种含金属酶(有 Cu-Zn-SOD、Mn-SOD、Fe-SOD 三种类型)。该酶与果蔬的衰老及抗逆性密切相关,是果蔬体内重要的保护酶之一,因此 SOD 活性的测定在研究果蔬衰老及抗逆机制中有着重要的意义。

SOD 可催化超氧化物阴离子自由基(O_2^-)发生歧化反应,生成 O_2 和 H_2O_2,生成的 H_2O_2 可被过氧化氢酶分解为 O_2 和 H_2O:

$$O_2^- + O_2^- + 2H^+ \xrightarrow{\text{SOD}} O_2 + H_2O_2$$

测定 SOD 活性的方法中最简便且常用的是 NBT(氮蓝四唑)光还原法。该方法的原理是:当反应体系中有可被氧化的物质(如甲硫氨酸)时,核黄素可被光还原,还原的核黄素在有氧条件下极易再氧化,使 O_2 被单电子还原产生 O_2^-,O_2^- 则可将 NBT 还原成蓝色的甲䐶,后者在 560 nm 处有最大吸收值。SOD 能够清除 O_2^-,当反应体系中有 SOD 存在时可抑制 NBT 的还原,酶活性越高,抑制作用越强,反应液的蓝色越浅。因此可通过测定 $A_{560\,nm}$ 来计算 SOD 的活性,以抑制 NBT 光还原反应 50% 所需的酶量为一个酶单位。

【实验材料】

苹果、桃、梨、香蕉、番茄等。

【仪器设备及用品】

分光光度计,高速离心机,恒温水浴,移液枪,研钵,光照箱,15 mm×150 mm 试管等。

【试剂及配制】

1. 50 mmol/L 磷酸缓冲液(pH7.8)。

2. 130 mmol/L 甲硫氨酸(Met)溶液:称取 1.9389 g Met 用磷酸缓冲液溶解定容至 100 mL。

3. 750 μmol/L NBT 溶液:称取 0.061 33 g NBT 用磷酸缓冲液溶解定容至 100 mL,避光保存。

4. 20 μmol/L 核黄素溶液：称取 0.0075 g 核黄素用磷酸缓冲液溶解定容至 1000 mL，随用随配，避光保存。

5. 100 μmol/L EDTA-Na$_2$ 溶液：称取 0.0372 g EDTA-Na$_2$·2H$_2$O，蒸馏水溶解定容至 1000 mL。

6. SOD 提取液：50 mmol/L 磷酸缓冲液（pH 7.8）内含 1%聚乙烯吡咯烷酮（PVP）。

【实验步骤】

1. SOD 提取液的制备

称取切碎、混匀的果蔬组织样品 1 g 于预冷的研钵中，加 5 mL 预冷的提取液在冰浴中研磨匀浆。将匀浆液全部转移到离心管中，于 4℃ 10 000 r/min 离心 15 min，上清液即为 SOD 粗提液。粗酶液低温保存，测量粗酶液的总体积。

2. SOD 活性测定

取透明度好、质地相同的 15 mm×150 mm 试管 7 支，测定管 3 支、光下对照各 3 支，暗中对照（调零）1 支，按表 21-1 加入反应显色试剂。

表 21-1　SOD 酶测定反应体系

反应试剂/mL	测定管			光下对照			暗中对照
	1	2	3	4	5	6	7
50 mmol/L 磷酸缓冲液	1.5	1.5	1.5	1.5	1.5	1.5	1.5
130 mmol/L Met 溶液	0.3	0.3	0.3	0.3	0.3	0.3	0.3
750 μmol/L NBT 溶液	0.3	0.3	0.3	0.3	0.3	0.3	0.3
100 μmol/L EDTA-Na$_2$ 溶液	0.3	0.3	0.3	0.3	0.3	0.3	0.3
20 μmol/L 核黄素溶液	0.3	0.3	0.3	0.3	0.3	0.3	0.3
粗酶液	0.1	0.1	0.1	0	0	0	0
蒸馏水	0.5	0.5	0.5	0.6	0.6	0.6	0.6

7 号试管加入核黄素后立即用双层黑色硬纸套遮光，全部试剂加完后摇匀，将试管置于 4000 lx 日光灯下显色反应 15~20 min（要求各管照光要一致，反应温度控制在 25~35℃，视光下对照管的反应颜色和酶活性的高低适当调整反应时间）。反应结束后用黑布罩遮盖试管终止反应。以暗中对照管作空白（调零），在 560 nm 下测定 1~6 号试管反应液的吸光度，记录测定数据。

【实验结果与计算】

$$\mathrm{SOD}\left[\mathrm{U}/(\mathrm{gFW} \cdot \mathrm{h})\right]=\frac{(A_\mathrm{o}-A_\mathrm{s}) \times V_\mathrm{t} \times 60}{A_\mathrm{o} \times 0.5 \times \mathrm{FW} \times V_\mathrm{s} \times t}$$

式中，A_o 为光下对照管吸光度；A_s 为样品测定管吸光度；V_t 为粗酶液总体积（mL）；

V_s 为测定时粗酶液量(mL)；t 为显色反应光照时间(min)；m 为样品鲜重(g)。

也可以每分钟反应体系对 NBT 光化还原的抑制为 50%时所需要的酶量为一个 SOD 活性单位(U)。

【注意事项】

1. 显色反应过程中要随时观察光下对照管的颜色变化，当 A_0 达到 0.6~0.8 时终止反应。

2. 当光下对照管反应颜色达到要求的程度时，测定管(加酶液)未显色或颜色过浅，说明酶对 NBT 的光还原抑制作用过强，应对酶液进行适当稀释后再显色，以能抑制显色反应的 50%为最佳。

3. 果蔬组织中的酚类物质对测定有干扰，对酚类含量高的材料提取酶液时可加入聚乙烯吡咯烷酮(PVP)消除。

4. 所用试管最好为清洁透明，透光性好的指形管。

【思考题】

1. 何谓保护酶系统？SOD 的主要功能是什么？

2. 本实验中影响测定结果的关键性操作步骤有哪些？

实验 22　果蔬组织中超氧阴离子产生速率的测定

【实验目的】

掌握果蔬组织中超氧阴离子产生速率的测定方法及原理。

【实验原理】

进入生物体内的一些分子氧(O_2)，可经单电子还原转变为超氧阴离子自由基（O_2^-），特别是在衰老和逆境条件下这种单电子还原的概率更大。O_2^-既可直接作用于蛋白质（酶）和核酸等生物大分子，又可衍生为羟自由基（$\cdot OH$）、单线态氧（$^1O_2$）、过氧化氢（H_2O_2）及脂质过氧物自由基（$RO\cdot$、$ROO\cdot$）等活性氧，引起对细胞结构和功能的破坏。因此测定衰老、逆境条件下果蔬组织中 O_2^-产生速率，可间接了解果蔬的细胞受损状况和抗性强弱。

O_2^-能与羟胺溶液反应生成 NO_2^-：

$$NH_2OH + 2O_2^- + H^+ \Longrightarrow NO_2^- + H_2O_2 + H_2O$$

NO_2^-经对氨基苯磺酸和 α-萘胺显色反应生成对苯磺酸-偶氮-α-萘胺（红色），其显色反应如下：

$$HOO_2S—C_6H_4—NH_3\cdot CH_3COOH + HNO_2 \rightarrow HOO_2S—C_6H_4—N_2(CH_3COO) + H_2O$$

　　　　　对氨基苯磺酸　　　　　　　亚硝酸

$$HOO_2S—C_6H_4—N_2(CH_3COO) + C_{10}H_7NH_2 \rightarrow$$

$$HOO_2S—C_6H_4—N_2C_{10}H_6\cdot NH_2 + CH_3COOH$$

　　　　　　　　　α-萘胺　　　　红色偶氮物质

该红色产物在 530 nm 有专一吸收峰。根据 NO_2^-显色反应的标准曲线将 $A_{530\,nm}$换算成 NO_2^-浓度，再依据"$NH_2OH + 2O_2^- + H^+ \Longrightarrow NO_2^- + H_2O_2 + H_2O$"反应式直接进行 O_2^-化学计量，即 NO_2^-浓度乘以 2 得 O_2^-浓度。

【实验材料】

苹果、桃、李、番茄等果蔬。

【仪器设备及用品】

分光光度计，高速冷冻离心机，研钵，移液枪，恒温水浴，试管等。

【试剂及配制】

1. 50 mmol/L 磷酸缓冲液，pH 7.8。

2. 17 mmol/L 对氨基苯磺酸：称取 2.94 g 对氨基苯磺酸，加 25 mL 浓 HCl 溶解，蒸馏水定容至 1000 mL。

3. 7 mmol/L α-萘胺：称取 α-萘胺 1.0 g，加 25 mL 冰醋酸溶解，蒸馏水定容至 1000 mL。

4. 10 mmol/L 盐酸羟胺。

5. KNO$_2$ 标准液：称取 KNO$_2$(AR 级)85.1 mg，蒸馏水定容至 100 mL，即为 10 mmol/L KNO$_2$ 溶液。取 1 mL 该溶液，用蒸馏水定容至 100 mL，即为 100 μmol/L 的 KNO$_2$ 标准液。根据 O_2^- 与羟胺反应公式，计算出该溶液相当于 200 μmol/L 的 O_2^-。

【实验步骤】

1. 标准曲线的制作

取 20 mL 试管 7 支，编号，按表 22-1 顺序添加试剂，摇匀，25℃恒温水浴保温 20 min。再分别加入 17 mmol/L 对氨基苯磺酸 1.0 mL，7 mmol/L α-萘胺 1.0 mL，25℃恒温水浴中反应 30 min，反应后测定显色液 $A_{530\,nm}$(标准曲线 1 号试管液调零)。以相当于超氧阴离子的物质的量(μmol)为横坐标，$A_{530\,nm}$ 值为纵坐标，绘制标准曲线。

表 22-1　超氧阴离子标准曲线

试剂	试　管　号						
	1	2	3	4	5	6	7
100μmol KNO$_2$ 的标准液/mL	0	0.1	0.2	0.3	0.4	0.5	0.6
蒸馏水/mL	1.0	0.9	0.8	0.7	0.6	0.5	0.4
50 mmol/L 磷酸缓冲液(pH7.8)/mL	1.0	1.0	1.0	1.0	1.0	1.0	1.0
10 mmol/L 盐酸羟胺/mL	1.0	1.0	1.0	1.0	1.0	1.0	1.0
相当于超氧阴离子的物质的量/μmol	0	0.02	0.04	0.06	0.08	0.10	0.12

2. 提取

取待测果蔬样品 1 g 于研钵中，加适量 50 mmol/L 磷酸缓冲液(pH 7.8)研磨匀浆，全部转入离心管中，经 10 000 r/min 离心 10 min，取上清液备用，并测定上清液的体积。

3. 测定

取样品提取液 1 mL，加入 50 mmol/L 磷酸缓冲液 1 mL 和 10 mmol/L 盐酸羟胺 1 mL，混匀后 25℃恒温水浴保温 20 min。取出后再加入 17 mmol/L 对氨基苯磺酸 1.0 mL，7 mmol/L α-萘胺 1.0 mL，25℃恒温水浴中反应 30 min，反应后测定显色液 $A_{530\,nm}$(标准曲线 1 号试管液调零)，记录测定数据。

【实验结果与计算】

根据样品显色液与对照管显色液吸光值的差值，从标准曲线上查出相应的超氧阴离子的物质的量，以每分钟每克鲜重果蔬样品产生的超氧阴离子的物质的量作为超氧阴离子产生速率，表示为 nmol/(min·g)。计算公式：

$$O_2^-\text{产生速率}[\text{nmol/(min}\cdot\text{g)}] = \frac{n \times V \times 1000}{V_s \times t \times m}$$

式中，n 为标准曲线查得的溶液中超氧阴离子的物质的量(μmol)；V 为样品提取液的体积(mL)；V_s 为测定时所取样品提取液的体积(mL)；t 为样品与羟胺反应的时间(min)；m 为样品鲜重(g)。

测得样品中蛋白质含量后，也可以 nmol/[min·(mg 蛋白质)]表示超氧阴离子的产生速率。

【注意事项】

1. 如果样品含有大量叶绿素将干扰测定，可在样品与羟胺反应后用等体积乙醚萃取叶绿素，然后再进行显色反应。

2. 介质尽量减少 Fe 和 O_2 的存在，α-萘酚不能用 β-萘酚代替。

3. 显色反应后也可用等体积的正丁醇萃取(混匀、静置分层或离心)红色偶氮物质，然后测定正丁醇相的 $A_{530\,nm}$。

【思考题】

简述超氧阴离子产生速率的改变与果蔬贮藏生理的关系。

实验 23 果蔬组织中过氧化物酶(POD)活性测定

【实验目的】

1. 了解过氧化物酶(POD)在果蔬采后生理中的作用；
2. 掌握 POD 的测定方法和原理。

【实验原理】

过氧化物酶(peroxidase, POD)是果蔬体内普遍存在且活性较高的一种酶，该酶催化以 H_2O_2 为氧化剂的氧化还原反应，在氧化其他物质的同时，将 H_2O_2 还原为 H_2O，用以清除细胞内的 H_2O_2，是植物体内的保护酶之一。此外，POD 与果蔬的呼吸作用、褐变、抗逆性、抗病性等有关，其活性随着果蔬成熟衰老进程以及环境条件的改变而改变。因此测定 POD 活性可以反映某一时期果蔬体内的代谢及抗逆性的变化。

H_2O_2 存在时 POD 能催化多酚类芳香族物质氧化形成各种产物，如作用于愈创木酚(邻甲基苯酚)生成四邻甲基苯酚(棕红色产物，聚合物)，该产物在 470nm 处有特征吸收峰，且在一定范围内其颜色的深浅与产物的浓度成正比，因此可通过分光光度法间接测定 POD 活性。

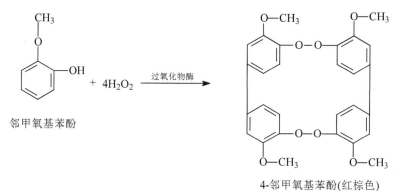

邻甲氧基苯酚 $+ 4H_2O_2$ $\xrightarrow{\text{过氧化物酶}}$ 4-邻甲氧基苯酚(红棕色)

【实验材料】

苹果、桃、梨、番茄等果实。

【仪器设备及用品】

分光光度计，离心机，研钵，移液器，秒表，磁力搅拌器等。

【试剂及配制】

1. 100 mmol/L 磷酸缓冲液，pH 6.0。
2. 愈创木酚。

3. H_2O_2。

4. 反应混合液：100 mmol/L 磷酸缓冲液 50 mL，加入愈创木酚 280 μL，于磁力搅拌器上加热溶解，待溶液冷却后，加入 30% H_2O_2 190 μL 混合均匀，保存于冰箱中备用。

【实验步骤】

1. 粗酶液的提取

取切碎、混匀的果肉样品 2 g，加入 5 mL 磷酸缓冲液(100 mmol/L，pH 6.0)研磨成匀浆，在温度 4℃ 10 000 r/min 离心 15 min，取上清液用于酶活的测定，并计量酶液的体积。

2. 样品测定

取分光光度计比色杯 2 只(光径 1 cm)，在其中一只加入 3 mL 反应混合液和 1 mL 缓冲液，作为对照调零管。另一只加入 3 mL 反应混合液和 1 mL 粗酶液，立即开启秒表计时，测定 470 nm 处吸光值的变化，每隔 1 min 读数一次。

【实验结果与计算】

POD 活性可以以每分钟 470 nm 处吸光值上升 0.001 作为一个酶活单位(U)，记为 U/g FW；也可以 $\Delta OD_{470}/(\text{min·g FW})$ 表示。

$$POD \text{ 活性}[U/(g\,FW \cdot min)] = \Delta A_{470} \times V_t/(0.001 \times V_s \times t \times FW)$$

式中，ΔA_{470} 为反应时间内吸光值的变化；V_t 为酶提取液总体积(mL)；V_s 为测定时酶液的体积(mL)；t 为反应时间(min)；FW 为样品鲜重(g)。

在分析样品蛋白质含量的基础上，可记为 $\Delta OD_{470}/(\text{min· mg 蛋白})$。

实验 24　果蔬组织中抗坏血酸过氧化物酶（APX）活性测定

【实验目的】

　　1. 了解抗坏血酸过氧化物酶（APX）在果蔬采后生理中的作用；

　　2. 掌握 APX 的测定方法和原理。

【实验原理】

　　抗坏血酸过氧化物酶（ascorbate peroxidase, APX）是以抗坏血酸为电子供体的专一性强的过氧化物酶，主要存在于果蔬叶绿体和细胞质中。一般愈创木酚为底物的过氧化物酶测定方法不能测出其大部分活性。由 APX 组成的抗坏血酸-谷胱甘肽（AsA-GSH）循环（图 24-1）在植物体内发挥了主要的清除过氧化氢的作用。APX 利用 AsA 将 H_2O_2 还原成 H_2O，同时形成单脱氢抗坏血酸（monodehydroascorbate, MDHA）；AsA 也可被抗坏血酸氧化酶（ascorbate oxidase，AO）氧化成 MDHA；MDHA 很不稳定，一部分被单脱氢抗坏血酸还原酶（monodehydroascorbate reductase，MDAR）还原为 AsA，另一部分进一步氧化生成脱氢抗坏血酸（dehydroascorbate，DHA）。DHA 以还原型谷胱甘肽（glutathione，GSH）为底物，在脱氢抗坏血酸还原酶（dehydroascorbate reductase，DHAR）的作用下生成 AsA。此反应产生的氧化型谷胱甘肽（oxidized glutathione，GSSG）又可在谷胱甘肽还原酶（glutathione reductase，GR）的催化下被还原成 GSH。

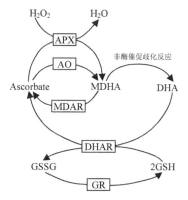

图 24-1　植物体中的 AsA-GSH 循环示意图（Nishikawal et al，2003）

H_2O_2.过氧化氢；H_2O.水；APX.抗坏血酸过氧化物酶；AO.抗坏血酸氧化酶；Ascorbate.抗坏血酸；
MDHA.单脱氢抗坏血酸；MDAR.单脱氢抗坏血酸还原酶；DHA.脱氢抗坏血酸；
DHAR.脱氢抗坏血酸还原酶；GSH.还原型谷胱甘肽；GSSG.氧化型谷胱甘肽；GR.谷胱甘肽还原酶

APX 催化 AsA 与 H_2O_2 反应，使 AsA 氧化成 MDHA。随着 AsA 被氧化，其溶液在 290 nm 处吸光度降低，因此可根据单位时间内吸光度的减少值来计算该酶的活性。

【实验材料】

苹果、桃、梨等果蔬样品。

【仪器设备及用品】

紫外分光光度计，离心机，研钵，移液器等。

【试剂药品】

1. 酶提取液：50 mmol/L K_2HPO_4-KH_2PO_4 缓冲液 (pH 7.0，内含 0.1 mmol/L EDTA-Na_2、2% PVP)。

2. 混合反应液：50 mmol/L K_2HPO_4-KH_2PO_4 缓冲液 (pH 7.0，内含 0.1 mmol/L EDTA-Na_2，0.3 mmol/L AsA，0.06 mmol/L H_2O_2)。

【实验步骤】

1. APX 粗酶液的提取

取待测果蔬样品，剪碎混匀，称取 1.0 g 于研钵中，加 5 mL 预冷的 50 mmol/L K_2HPO_4-KH_2PO_4 缓冲液 (pH 7.0) 酶提取液，冰浴研磨匀浆，10 000 r/min 离心 10 min，上清液为待测酶液，测定粗酶液的体积。

2. APX 活性检测

2.9 mL 反应液 (50 mmol/L K_2HPO_4-KH_2PO_4 缓冲液 pH 7.0，内含 0.1 mmol/L EDTA-Na_2，0.3 mmol/L AsA，0.06 mmol/L H_2O_2)，加入 0.1 mL 酶液，立即测定 $A_{290\,nm}$ 的变化。以 1 min 内吸光值变化 0.01 为 1 个酶活单位 (U)

【实验结果与计算】

APX 以每分钟 290 nm 处吸光值上升 0.01 作为一个酶活单位 (U)，记为 U/g FW。

$$APX 活性 [U/(g\,FW \cdot min)] = \Delta A_{290\,nm} \times V_t / (0.01 \times V_s \times t \times FW)$$

式中，$\Delta A_{290\,nm}$ 为反应时间内吸光值的变化；V_t 为酶提取液总体积 (mL)；V_s 为测定时所取酶液的体积 (mL)；t 为反应时间 (min)；FW 为样品鲜重 (g)。

【注意事项】

APX 活性也可以以 AsA 氧化量来计算。按消光系数 2.8 mmol/(L•cm) 计算，酶活性可用 μmol AsA/(g FW · h) 表示。

【思考题】

抗坏血酸及其过氧化物酶在果蔬衰老、冷害和抗病性方面有何生理意义？

实验 25　果蔬组织中谷胱甘肽还原酶(GR)活性的测定

【实验目的】

1. 了解谷胱甘肽还原酶(GR)在果蔬采后生理中的作用;
2. 掌握 GR 的测定方法及原理。

【实验原理】

谷胱甘肽还原酶(GR)是一重要的抗氧化酶,许多生理学和遗传工程研究都证明 GR 酶在抗氧化中的重要作用。如前面的实验所提及,GR 是抗坏血酸-谷胱甘肽循环途径中的重要组成部分,其功能与果蔬清除自由基、抵抗逆境胁迫和衰老进程十分相关。它能催化氧化型谷胱甘肽(GSSG)还原成还原型谷胱甘肽(GSH)。

$$GSSG + NADPH \xrightarrow{\quad GR \quad} GSH + NADP^+$$

随着上述反应的进行,体系中的 NADPH 被不断消耗,而 NADPH 在 340 nm 波长处有强烈的光吸收,测定 $A_{340\,nm}$ 的下降速率,即可对 GR 活力进行定量测定。

【实验材料】

桃、香蕉、橘子、枇杷、芒果、香蕉等。

【仪器设备及用品】

分光光度计,离心机,研钵,移液管,容量瓶,离心管。

【试剂药品】

0.05 mol/L pH 7.5 的磷酸缓冲液(含 0.1 mmol /L EDTA-Na$_2$),聚乙烯吡咯烷酮(PVP),氧化型谷胱甘肽,NADPH(还原型辅酶 II)。

【实验步骤】

1. GR 粗酶液的提取

取切碎、混匀的果蔬组织 2g 在液氮中研磨成粉,加入 0.2 g PVP 和 6 mL 0.05 mol/L pH 7.5 的磷酸缓冲液(含 0.1 mmol /L EDTA-Na$_2$), 10 000 r/min 下(4℃)离心 20 min,取上清液作为粗酶液,测定其体积。

2. GR 活性的测定

1 mL 反应体系中含 0.05 mol /L pH 7.5 的磷酸缓冲液(含 0.1 mmol /L EDTA)、0.5 mmol /L 氧化型谷胱甘肽和 0.05 mmol/L NADPH,加入 90 μL 酶液后,迅速于波长 340 nm 处测定 2 min 内的吸光值变化。

【实验结果与计算】

GR 活性以每分钟每克鲜重的果肉样品使 $A_{340\,nm}$ 降低 0.1 为一个酶活力单位

（U），记为 U/g FW。

$$\text{APX 活性}[U/(g\ FW \cdot min) = \Delta A_{340} \times V_t/(0.1 \times V_s \times t \times FW)$$

式中，ΔA_{340} 为反应时间内吸光值的变化；V_t 为酶提取液总体积(mL)；V_s 为测定时所取酶液的体积(mL)；t 为反应时间(min)；FW 为样品鲜重(g)。

【注意事项】

该酶的测定也可使用试剂盒进行测定。

【思考题】

GR 活性变化对 AsA-GSH 循环途径有何影响？

实验26 果蔬组织中还原型谷胱甘肽(GSH)含量的测定

【实验目的】

1. 了解还原型谷胱甘肽(GSH)在果实采后抗氧化中的作用;

2. 掌握果蔬组织中 GSH 含量的测定原理及方法。

【实验原理】

果蔬组织对活性氧的伤害有两类防御系统,一类是酶促防御系统,包括超氧化物歧化酶(SOD)、过氧化氢酶(CAT)、过氧化物酶(POD)等;另一类是非酶促防御系统,包括谷胱甘肽、抗坏血酸(维生素 C)等。

还原型谷胱甘肽(GSH)是果蔬细胞中重要的抗氧化剂之一。谷胱甘肽可以通过调节膜蛋白巯基与二硫键化合物的比例,对细胞膜起保护作用;此外还可以参与叶绿体中抗坏血酸——谷胱甘肽循环,以清除 H_2O_2。

GSH 与 DTNB[5,5′-二硫代-(2-硝基苯甲酸)]试剂在 pH 7.0 左右生成黄色可溶性物质,其颜色深浅在一定范围内与 GSH 浓度呈线性关系,因此可以用分光光度计在 412 nm 下测定吸光度,并通过标准曲线计算样品中 GSH 的含量。

【实验材料】

桃、枇杷、香蕉、芒果、番茄等果实。

【仪器设备及用品】

分光光度计,容量瓶,刻度试管,玻璃研钵,移液管。

【试剂及配制】

1. GSH 标准溶液:称取 10 mg 分析纯 GSH,溶于蒸馏水中,并定容至 10 mL,即为 1 mg/mL 标准母液。

2. 5 mmol/L EDTA-TCA 试剂:用 3%三氯乙酸(TCA)配制成 5 mmol/L 的 EDTA 溶液。

3. 0.2 mol/L 磷酸钾缓冲溶液,pH 7.0。

4. DTNB 试剂:称取 39.6 mg DTNB,用 0.2 mol/L K_3PO_4 缓冲液(pH 7.0)溶解并定容至 100 mL。

5. 1 mol/L NaOH 溶液。

【实验步骤】

1. 标准曲线制作

取 7 支 10 mL 刻度试管 0~6 编号。再分别吸取 1 mg/mL GSH 标准液 0 μL、20 μL、40 μL、80 μL、120 μL、160 μL、200 μL,用试剂 EDTA-TCA 稀释到 3mL,

配制成标准系列。

从标准系列溶液中各取 2 mL，加入约 0.4 mL NaOH 溶液，将 pH 调至 6.5~7.0，再加入 K_3PO_4 缓冲液和 0.1 mL DTNB 试剂，室温下显色 5 min，最后用蒸馏水定容至 5 mL，在 412 nm 波长下测定吸光度，并绘制标准曲线或用回归方程计算。

2. 样品测定

称取切碎混匀后的果蔬样品 1.00 g，加入少量 EDTA-TCA 试剂研磨提取，并用该溶液定容至 25 mL，混合均匀后滤取 5 mL，提取液备用。

吸取 2 mL 提取液，加入 0.4 mol/L NaOH 试剂，将 pH 调至 6.5~7.0，再加入磷酸钾缓冲液和 0.1 mL DTNB 试剂，空白以 K_3PO_4 缓冲液代替 TDNB 试剂，其余步骤与标准曲线制作方法相同。

【实验结果与计算】

$$\text{GSH 含量}\,(\mu g/g\,\text{FW}) = \frac{C \times V_t}{V_s \times \text{FW}}$$

式中，C 为根据标准曲线计算得到的样品 GSH 浓度；V_t 为提取液总体积(mL)；V_s 为测定时取用的提取液体积(mL)；FW 为样品鲜重(g)。

【注意事项】

1. 在提取样品时，需要沉淀去除蛋白质，防止蛋白质中所含巯基及相关酶对测定结果的影响；

2. 建议在第一次测定时先做 2 或 3 个样品本底对照，如果样品本底对照和空白对照非常接近，这说明样品液中不存在干扰物质，可以不再检测样品本底对照。

【思考题】

查找资料，分析如何利用本实验方法测定样品中的总谷胱甘肽(氧化型+还原型)含量。

实验 27　果蔬组织中过氧化氢酶(CAT)活性测定

【实验目的】

1. 了解过氧化氢酶(CAT)在果蔬采后生理方面的作用；
2. 掌握 CAT 的测定方法和原理。

【实验原理】

过氧化氢酶(catalase，CAT)普遍存在于果蔬组织中，是重要的保护酶之一，其作用是清除代谢中产生的 H_2O_2，以避免 H_2O_2 积累对细胞的氧化破坏作用，因而其活性的高低与果蔬的衰老和抗逆性有关。

H_2O_2 对 240 nm 波长的紫外光具有强吸收作用，CAT 能催化 H_2O_2 分解成 H_2O 和 O_2，因此在反应体系中加入 CAT 时会使反应液的吸光度(A_{240})随反应时间增加而降低，根据 A_{240} 的变化速率可计算出 CAT 的活性。

【实验材料】

苹果、桃、梨、枇杷、番茄等果蔬样品。

【仪器设备及用品】

紫外分光光度计，冷冻离心机，分析天平，恒温水浴，移液器，容量瓶，试管，研钵等。

【试剂药品】

1. 50 mmol/L 磷酸缓冲液(pH 7.0)。
2. 200 mmol/L H_2O_2 溶液：30%H_2O_2 11.36 mL 定量至 250 mL。
3. 50 mmol/L Tris-HCl 缓冲液(pH 7.0)。

【实验步骤】

1. 酶液的提取

称剪碎混匀的果蔬样品 2.00 g 置于研钵中，加 10 mL 磷酸缓冲液，在冰浴上研磨匀浆，转入离心管中，在 4℃、10 000 r/min 下离心 15 min，上清液即为酶提取液，4℃下保存备用，并测定提取液体积。

2. CAT 活性测定

试管中加入 Tris-HCl (pH 7.0) 1 mL，酶提取液 0.1 mL，蒸馏水 1.7 mL，于 25℃ 水浴中预热 3 min 后，加入 0.2 mL 200 mmol/L H_2O_2 溶液，立即在紫外分光光度计上测定 A_{240}(蒸馏水调零)，每隔 30 s 读数一次，共测 3 min。实验重复 3 次。

【实验结果与计算】

以 1 min 内 A_{240} 降低 0.1(3 次测定的平均值)为一个酶活力单位(U)。先求出

3 支测定管各自 1 min 内 A_{240} 降低值，按下式计算 CAT 活性。

$$CAT活性\left[U/\left(gFW\cdot min\right)\right]=\frac{\Delta A_{240}\times V_{t}}{0.1\times V_{s}\times t\times FW}$$

式中，ΔA_{240} 为反应时间内吸光值的变化；V_t 为酶提取液总体积(mL)；V_s 为测定时所取酶液的体积(mL)；t 为反应时间(min)；FW 为样品鲜重(g)。

【思考题】

比较分光光度法和高锰酸钾滴定法测定 CAT 的异同点。

实验 28　果蔬组织中过氧化氢含量的测定

【实验目的】

1. 了解过氧化氢(H_2O_2)含量变化对果蔬贮藏的影响；
2. 掌握分光光度法测量果蔬组织中 H_2O_2 含量的方法。

【实验原理】

果蔬在逆境下或衰老时，由于体内活性氧代谢加强，H_2O_2 发生累积。H_2O_2 可以直接或间接地氧化细胞内核酸、蛋白质等生物大分子，并使细胞膜遭受损害，从而加速细胞的衰老和解体。因此，果蔬组织中 H_2O_2 含量与果蔬衰老进程和抗逆性密切相关。

H_2O_2 与硫酸钛(或氯化钛)生成过氧化物——钛复合物黄色沉淀，可被 H_2SO_4 溶解后，在 415 nm 波长下比色测定。在一定范围内，其颜色深浅与 H_2O_2 浓度呈线性关系。

【实验材料】

枇杷、桃、柑橘、芒果、香蕉等果实。

【仪器设备及用品】

分光光度计，离心机，研钵，移液管，容量瓶，离心管。

【试剂及配制】

100 μmol/L H_2O_2 丙酮试剂：取 30%分析纯 H_2O_2 57 μL，溶于 100 mL 丙酮中，此液稀释 100 倍；2 mol/L 硫酸；5%（m/V）硫酸钛；丙酮；浓氨水。

【实验步骤】

1. 制作标准曲线

取 10 mL 离心管 7 支，顺序编号，并按表 28-1 顺序加入试剂。待沉淀完全溶解后，将其小心转入 10 mL 容量瓶中，并用蒸馏水少量多次冲洗离心管，将洗涤液合并后定容至 10 mL 刻度，415 nm 波长下比色，光径 1 cm。

表 28-1　测定 H_2O_2 浓度标准曲线配制表

试剂/mL	离心管号						
	1	2	3	4	5	6	7
100μmol/L H_2O_2	0	0.1	0.2	0.4	0.5	0.8	1.0
4℃预冷丙酮	1.0	0.9	0.8	0.6	0.5	0.2	0
5%硫酸肽	0.1	0.1	0.1	0.1	0.1	0.1	0.1
浓氨水	0.2	0.2	0.2	0.2	0.2	0.2	0.2
4000 r/min 离心 10 min，弃去上清液，留沉淀							
2mol/L 硫酸	5.0	5.0	5.0	5.0	5.0	5.0	5.0

2. 样品提取

称取新鲜果蔬组织 2~5 g（视 H_2O_2 含量多少而定），按材料与提取剂 1：1 的比例加入 4℃下预冷的丙酮研磨成匀浆后，转入离心管 4000 r/min 下离心 10 min，弃去残渣，上清液即为样品提取液。

3. 样品提取

用移液管吸取样品提取液 1mL，按表 28-1 加入 5%硫酸钛和浓氨水，待沉淀形成后 4000 r/min 离心 10 min，弃去上清液。沉淀用丙酮反复洗涤 3~5 次，直到去除色素。

向洗涤后的沉淀中加入 2 mol/L 硫酸 5 mL，待完全溶解后，与标准曲线同样的方法定容并比色。

【实验结果与计算】

每克鲜重果蔬组织中

$$H_2O_2 含量(\mu mol/g) = (C \times V_t)/(FW \times V_1)$$

式中，C 为标准曲线上查得样品中 H_2O_2 浓度(μmol)；V_t 为样品提取液总体积(mL)；V_1 为测定时所用样品提取液体积(mL)；FW 为样品鲜重(g)。

【注意事项】

硫酸钛或氯化钛在配制的过程中，所有的玻璃器皿应预先干燥，配制过程在通风橱中进行。注意安全。

【思考题】

学习了解过氧化氢的另外一种常用测定方法——高锰酸钾滴定法。

实验 29　果蔬细胞膜透性的测定

【实验目的】

1. 了解果蔬细胞膜透性变化的原理；
2. 运用电导率仪测定果蔬细胞膜相对透性。

【实验原理】

果蔬细胞质膜是细胞与外界环境的一道分界面，对维持细胞的微环境和正常的代谢起着重要作用。但果蔬在衰老进程和各种逆境（如低温、高温等）危害时，细胞膜的结构和功能首先受到伤害，细胞膜透性增大，内容物外渗。若将衰老或伤害的果蔬组织浸入去离子水中，其外渗透液中的电解质的含量比正常组织外渗透液中的含量增加。组织受伤害越严重，电解质含量增加越多。用电导率仪测定外渗透液电导率的变化，可以反映出质膜受伤害的程度。在电解质外渗的同时，细胞内的可溶性有机物也随之渗出，引起外渗液中可溶性糖、氨基酸、核苷酸等含量的增加。因此细胞膜透性的变化反映了自身衰老进程或外部不良环境对果蔬细胞的伤害程度。细胞膜透性变得越大，表示受害越重或衰老较快。

【实验材料】

香蕉、芒果、桃、枇杷等果实。

【仪器设备及用品】

电导率仪，电子天平，水平摇床，50 mL 烧杯，50 mL 量筒，150 mL 三角瓶，小镊子，纱布，打孔器等。

【实验步骤】

选取果蔬的果皮（如香蕉皮）或果肉，用直径 1 cm 的打孔器钻取成厚薄均匀一致的圆片。用蒸馏水冲洗 1 或 2 次，用干净纱布轻轻吸干表面水分，混匀。快速称取鲜样 2 g，置于 150 mL 的三角烧瓶中。

在烧瓶中加入蒸馏水 50 mL，称重，用电导率仪测定起始电导率 E_0。

将烧瓶放置于低速转动的水平摇床上，摇动浸提 1 h，测定电导率 E_1。

将烧瓶置于电炉上加热煮沸 15 min，冷却后再称重并加蒸馏水至原重量，测定煮沸后的电导率为 E_2。

以煮沸前后的相对电导率表示细胞膜透性。实验重复 3 次。

【实验结果与计算】

按如下公式计算相对电导率：

$$相对电导率(\%) = \frac{E_1 - E_0}{E_2} \times 100$$

式中，E_0 为浸提前电导率；E_1 为浸提后电导率；E_2 为煮沸后电导率。

【注意事项】

用电导率仪每测一次，用蒸馏水漂洗电极，再用滤纸将电极擦干，然后进行下一次的测定。

【思考题】

同一果蔬在不同的低温环境下贮藏时，细胞膜透性的异常变化说明了什么？

实验 30　果蔬组织中丙二醛含量的测定

【实验目的】

1. 了解丙二醛(MDA)的产生及积累与果蔬采后生理的关系；
2. 掌握分光光度法测定 MDA 含量的原理和方法。

【实验原理】

果蔬在逆境中遭受伤害(或衰老)与活性氧积累诱发的膜脂过氧化作用密切相关，膜脂过氧化的产物有二烯轭合物、脂质过氧化物、丙二醛、乙烷等。其中丙二醛(malondialdehyde，MDA)是脂质过氧化物最重要的产物之一，其含量可以反映果蔬遭受自由基伤害的程度。因此可通过测定 MDA 含量了解膜脂过氧化的程度，以间接测定膜系统受损程度以及果蔬的抗逆性。另外，MDA 从膜上产生的位置释放出后，可以与蛋白质、核酸反应，从而丧失功能，还可使纤维素分子间的桥键松弛，或抑制蛋白质的合成，可见 MDA 的积累可能对膜和细胞造成进一步的伤害。

MDA 在酸性和高温条件下，可以与硫代巴比妥酸(TBA)反应生成红棕色的三甲川(3,5,5-三甲基恶唑-2,4-二酮)，其最大吸收波长在 532 nm。但是测定果蔬组织中 MDA 时受多种物质的干扰，其中最主要的是可溶性糖，糖与 TBA 显色反应产物的最大吸收波长在 450 nm，但在 532 nm 处也有吸收。果蔬组织中可溶性糖含量较高，因此测定果蔬组织中 MDA-TBA 反应物质含量时一定要排除可溶性糖的干扰。可用双组分分光光度法加以排除。

【实验材料】

香蕉、芒果、桃、枇杷、柑橘等果实。

【仪器设备及用品】

可见分光光度计，离心机，电子天平，10 mL 离心管，研钵，试管，刻度吸管，水浴锅。

【试剂药品】

10%三氯乙酸(TCA)，0.6%硫代巴比妥酸(用 10%的三氯乙酸溶解定容)，石英砂。

【实验步骤】

1. MDA 的提取

称取切碎、混匀的试材 2 g，加入 2 mL 10%TCA 和少量石英砂，研磨至匀浆，再加 8 mL TCA 进一步研磨，匀浆在 4000 r/min 离心 10 min，上清液为样品提取液。

2. 显色反应和测定

吸取离心的上清液 2 mL（对照加 2 mL 蒸馏水），加入 2 mL 0.6% TBA 溶液，混匀物于沸水浴上反应 15 min，迅速冷却后再离心。取上清液测定 532 nm、600 nm 和 450 nm 波长下的吸光度。

【实验结果与计算】

$$MDA\,(mmol/g\,FW) = [6.452\times(A_{652}-A_{600})-0.559\times A_{450}]\times V_t\,/\,(V_s\times FW)$$

式中，V_t 为提取液总体积(mL)；V_s 为测定用提取液体积(mL)；FW 为样品鲜重(g)。

【注意事项】

1. 可溶性糖与 TBA 显色反应的产物在 532 nm 处也有吸收（最大吸收在 450 nm），测定果蔬样品时一定要排除可溶性糖的干扰。

2. 若待测液浑浊，可适当增加离心力及时间，最好使用低温离心机离心。

【思考题】

不同果蔬在同一逆境下，丙二醛含量变化不同，说明了什么？

实验31　果蔬组织中脯氨酸含量的测定

【实验目的】

掌握果蔬组织中游离脯氨酸含量的测定原理和方法。

【实验原理】

脯氨酸是果蔬体内主要渗透调节物质之一。在逆境条件下果蔬体内脯氨酸的含量显著增加，因此果蔬体内脯氨酸含量在一定程度上反映了果蔬的抗逆性。当用磺基水杨酸提取果蔬样品时，脯氨酸游离于磺基水杨酸的溶液中。在酸性条件下，茚三酮和脯氨酸反应生成稳定的红色化合物，该化合物在 520 nm 波长下有最大吸收峰，因此可用分光光度计测定。酸性氨基酸和中性氨基酸不能与酸性茚三酮反应。碱性氨基酸由于其含量甚微，特别是在受渗透胁迫处理的果蔬体内，脯氨酸大量积累，碱性氨基酸的影响可以忽略不计，因此该法可以避免其他氨基酸的干扰。

【实验材料】

桃、枇杷、芒果等冷敏果蔬。

【仪器设备及用品】

分光光度计，离心机，研钵，小烧杯，容量瓶，大试管，普通试管，移液管，注射器，水浴锅，漏斗，漏斗架，滤纸。

【试剂及配制】

1. 脯氨酸标准品。

2. 酸性茚三酮：将 1.25 g 茚三酮溶于 30 mL 冰醋酸和 20 mL 6 mol/L 磷酸混合溶液中，搅拌加热(70℃)溶解，贮藏于冰箱(配制的酸性茚三酮溶液仅在 24 h 内稳定，因此最好现用现配；茚三酮的用量与脯氨酸的含量相关。一般当脯氨酸含量在 10 μg/mL 以下时，显色液中的茚三酮的浓度要达到 10 mg/mL 才能保证脯氨酸充分显色)。

3. 3%磺基水杨酸：3 g 磺基水杨酸加蒸馏水溶解后定容至 100 mL。

4. 冰醋酸。

5. 甲苯。

【实验步骤】

1. 绘制标准曲线

在 1~10 μg/mL 脯氨酸浓度范围内制作标准曲线。取各浓度标准溶液各 2 mL，加入 2 mL 3%磺基水杨酸、2 mL 冰醋酸和 4 mL 2.5%茚三酮溶液，置沸水浴中显色 1 h。冷却后，加入 4 mL 甲苯萃取红色物质。静置后，取甲苯相测定 520 nm 波长处的吸收值(以甲苯为空白对照)，依据脯氨酸和相应吸收值绘制标准曲线。

2. 样品的测定

1) 脯氨酸的提取

称取果蔬样品 1 g，用 3%磺基水杨酸溶液研磨提取，磺基水杨酸的最终体积为 5 mL，匀浆液转入玻璃离心管中，在沸水浴中浸提 10 min，冷却后，以 3000 r/min 的转速离心 10 min。取上清液待测。

2) 样品测定

取 2 mL 上清液，按绘制标准曲线的步骤进行显色，萃取和比色。

【实验结果与计算】

从标准曲线上查出 2 mL 测定液中脯氨酸的含量(X, μg/2mL)，然后计算样品中脯氨酸含量的百分数，计算公式如下：

$$单位鲜重样品的脯氨酸含量(\%) = \frac{X \times V_{\mathrm{T}}}{W \times V_{\mathrm{S}} \times 10^6} \times 100$$

式中，X 为从标准曲线上查出的 2 mL 测定液中的脯氨酸含量(μg/2 mL)；V_{T} 为提取液体积(mL)；V_{S} 为所用的提取液体积(mL)；W 为样品鲜重(g)。

实验 32　气相色谱法测定果蔬样品膜脂中脂肪酸的含量

【实验目的】

1. 掌握果蔬细胞膜脂肪酸的提取及甲酯化方法;
2. 掌握气相色谱检测脂肪酸的原理和方法。

【实验原理】

细胞膜脂肪酸组成的改变将影响细胞的通透性,从而影响果蔬的贮藏生理。尤其是在逆境胁迫和衰老进程中,细胞膜脂肪酸中的不饱和程度降低,饱和程度提高,从而使得不饱和与饱和比值的下降。

膜脂主要包括磷脂和糖脂。样品经高温处理以除去水分并使脂酶钝化,用氯仿-甲醇溶液研磨抽提总脂,再用石油醚反复冲洗去除中性脂,得到膜的极性脂,碱性条件下膜脂与甲醇反应产生高级脂肪酸甲酯。

获得的高级脂肪酸甲酯注入气相色谱柱,通过汽化室汽化后被载气带入分离室,根据各组分在分离柱中保留时间不同而被分离。用标准脂肪酸的保留时间(所谓的保留时间 Rt:理论上是指样品在分离柱中运行所用的时间,实际是以加样为起始零时间,物质到达检测器达到浓度最大时为终止时间,从起始零时间到终止时间为保留时间)定性各组分。用面积归一法(面积归一法是将各组分色谱峰的总面积之和视为 100,各组分的峰面积在其中所占的百分比为各组分的相对值的定量方法)定量计算各种脂肪酸含量。

【实验材料】

苹果、梨、桃、番茄、香蕉等果实样品。

【仪器设备及用品】

气相色谱仪,色谱工作站或积分仪,LKB 油脂快速提取仪,烘箱,分液漏斗,移液管,10 mL 带塞刻度量筒,60 目的筛,100 mL 量筒,脱脂棉。

【试剂药品】

氯仿-甲醇溶液 1∶2(体积比),氯仿,0.76% NaCl 溶液,甲醇饱和的石油醚溶液,石油醚-苯溶液(将一份石油醚与等体积的苯混合即可),无水乙醇。

脂肪酸标样:棕榈酸、硬脂酸、油酸、亚油酸、亚麻酸和花生酸等。

0.4 mol/L KOH-甲醇溶液:称取 22.4 g KOH 溶于甲醇中,并定容至 1000 mL。

【实验步骤】

1. 总脂的抽提

(1) 取适量的果蔬样品，100℃烘 30~60 min，以便除去水分和钝化脂酶。取出样品冷却至室温，粉碎后过 60 目的筛，称过筛后的样品 5 g 放入滤纸筒，在上面覆盖一层脱脂棉，装入 LKB 油脂快速提取仪的样品室，浸泡于约 60 mL 氯仿-甲醇溶液中，开循环冷却水室温过夜或 10 h。

(2) 打开加热开关并调节温度旋钮，使提取液处于微沸状态，维持 1 h 后关闭加热开关。

(3) 打开提取仪样品室的旋钮，使提取液流入蒸馏瓶(预先加几粒玻璃珠)，打开回流加热开关，调节温度旋钮，蒸馏蒸馏瓶中的提取液，并使冷却后的液体流过样品室再回到蒸馏瓶中，如此回流提取 1 h，关闭加热开关。目的是清洗样品室壁和滤纸筒中黏附的残留脂。

(4) 关闭提取仪旋钮，取出滤纸筒。

(5) 打开回流加热开关，再将蒸馏瓶中的样品蒸发至只含少量提取液，关闭加热开关。

(6) 再将蒸馏瓶取下于 100℃烘烤 1 h，烘干提取液获得总脂。

2. 膜脂的抽提

将获得的总脂溶于甲醇饱和的石油醚溶液中，充分振荡，静置分层后，回收下层甲醇溶液。如此重复 2 或 3 次，最后浓缩甲醇溶液获得膜脂。

3. 膜脂脂肪酸的甲酯化

(1) 取膜脂 0.1 mg 于 10 mL 具塞试管中，加 1 mL 石油醚-苯混合液使之溶解，再加 0.4 mol/L KOH-甲醇溶液 1 mL，充分振荡后室温反应 20~60 min(夏季 20 min，冬季 60 min)。

(2) 加入蒸馏水使上层有机相约至 10 mL 刻度处，再充分混匀后静置，直至溶液分为清晰可见的上下两层。

(3) 如果有机相浑浊，加入 2~3 滴无水乙醇，静置片刻，待用。

4. 制备标样

称取标样各 0.1 mg，分别溶于 1 mL 的苯：石油醚=1：1(体积比)中，0.4 mol/L KOH-甲醇溶液甲基化 30 min，重复 3(2)和 3(3)步骤。

5. 仪器条件

(1) 柱型：6%~10% DEGS(聚乙二醇丁二酸酯)，101 白色硅烷化担体(酸洗)。

(2) 温度：液化室 250℃，柱温 195℃，检测器 250℃。

(3) 气体温度：载气(N_2)流速，30 mL/min；H_2 流速，40 mL/min；空气流速，40 mL/min。

(4) 信号调节：1×10^2 或 1×10。

6. 进样

（1）用微量进样器吸取标样上层有机相各 1 μg 进样，同时启动色谱工作站记录色谱峰和相关数据（主要为 Rt 和峰面积），记录 Rt_0。

（2）用微量进样器吸取样品 1 μg，同时启动色谱工作站记录色谱峰和相关数据，记录 Rt_x。

【实验结果与计算】

1. 定性（标准物质定性法）：通过样品和标准的保留时间和峰面积进行比较，确定样品中 HFA（高级脂肪酸）的类型。当样品中某峰的 Rt_x 和 Rt_0 相同，则样品中此峰便与 Rt_0 所对应的 HFA 为同一 HFA。

2. 定量（面积归一法）

$$P_i = \frac{A_i}{A_1 + A_2 + A_3 + \cdots + A_n} \times 100\%$$

式中，P_i 为某脂肪酸的百分含量；A_1，A_2，A_3，$\cdots$，A_n 为各脂肪酸的峰面积；A_i 为被测脂肪酸的峰面积。可由色谱工作站或积分仪自动给出。

【注意事项】

1. 步骤 1（1）将过筛后的样品放入滤纸筒后，在上面一定要覆盖一层脱脂棉，但不能太厚。

2. 步骤 1（2）打开加热开关注意调节温度旋钮，一定要使提取液保持微沸状态，切记温度不能过高。

3. 保持被分析的样品清亮。

【思考题】

你所测定的样品膜脂由几种脂肪酸组成？膜脂的变化与果蔬采后生理功能关系是什么？

实验33　果蔬组织中苯丙氨酸解氨酶(PAL)的活性测定

【实验目的】
　　1. 了解苯丙氨酸解氨酶(PAL)在果蔬次生代谢、冷害、抗病性方面的作用；
　　2. 学习掌握 PAL 的活力测定原理及方法。

【实验原理】
　　苯丙氨酸解氨酶(PAL)是果蔬体内苯丙烷类代谢的关键酶，与一些重要的次生物质如酚类、木质素等合成密切有关，尤其是在果蔬低温胁迫、抵御病菌侵害过程中起重要作用。PAL 催化 L-苯丙氨酸裂解为反式肉桂酸和氨，反式肉桂酸在 290 nm 处有最大吸收值。若酶的加入量适当，A_{290} 升高的速率可在几小时内保持不变，因此通过测定 A_{290} 升高的速率以测定 PAL 活力。规定 1 h 内 A_{290} 增加 0.01 为 PAL 的一个活力单位。

【实验材料】
　　桃、枇杷、苹果等处于逆境胁迫下的果蔬。

【仪器设备及用品】
　　分析天平，离心机，紫外可见分光光度计，研钵，试管，水浴锅。

【试剂药品】
　　1. 0.1 mol 硼酸-硼砂缓冲液(pH 8.7)。
　　2. 酶提取液：0.1 mol/ L 硼酸-硼砂缓冲液(含 1 mmol/L EDTA, 20 mmol/L β-巯基乙醇)。
　　3. 0.6 mol/L L-苯丙氨酸溶液。
　　4. 6 mol/L HCl。

【实验步骤】
　　1. 酶液提取
　　切碎后均匀取样的果蔬样品 1 g，加入 5 倍体积的酶提取液，于冰浴上研钵中研磨，滤液转入离心管，10 000 r/min 冷冻离心 15 min。取离心后的上清液(酶粗提液)，量出其体积，放置冰浴中备用。
　　2. 酶活力测定
　　取试管 3 支，按表 33-1 中所述加样(0 号为调零管，1 号为测定管，2 号为对照管)。

表 33-1 PAL 测定反应体系

试剂	试管编号		
	0	1	2
0.1 mol 硼酸-硼砂缓冲液/mL	4	3.9	4.9
酶液/mL		0.1	0.1
0.6 mol/L L-苯丙氨酸溶液/mL	1	1	

将各管混匀，放入 40℃恒温水浴保温 1 h，1 h 后加 0.2 mL 2 mmol/L HCl 终止反应。紫外可见分光光度计预热 10 min，于波长 290 nm 处测定各管的 A_{290}。

【实验结果与计算】

PAL 活力以每小时 A_{290} 增加 0.01 为一个酶活单位(U)，记为 U/g FW。

$$\text{PAL 活性}[U/(g\ FW \cdot min)] = \Delta A_{290} \times V_t / (0.01 \times V_s \times t \times FW)$$

式中，ΔA_{290} 为反应时间内吸光值的变化；V_t 为酶提取液总体积(mL)；V_s 为测定时所取酶液的体积(mL)；t 为反应时间(min)；FW 为样品鲜重(g)。

【注意事项】

PAL 属于诱导酶类，在受到外界病原菌侵染、机械损伤或者低温胁迫时，活性会有较大的提高。

【思考题】

在 PAL 活力测定中，设置调零管和对照管的目的是什么？

实验34 果蔬组织中多酚氧化酶(PPO)活性的测定

【实验目的】

1. 了解多酚氧化酶(PPO)在果蔬采后的生理作用;
2. 通过实验,掌握果蔬体内多酚氧化酶活性的测定原理及方法。

【实验原理】

多酚氧化酶(PPO)是一种含铜的氧化酶,在有氧的条件下,能使一元酚和二元酚氧化产生醌,催化多酚类物质的氧化。正常情况下,PPO 与酚类底物被细胞区域化分隔而不发生反应,但当果蔬组织受到损伤、逆境或衰老时,细胞结构解体或细胞膜透性增加,PPO 与酚类底物接触,酚类物质被催化氧化生成醌类物质,醌类物质再聚合成褐色产物,导致组织褐变。另外,部分研究认为 PPO 还参与果蔬的木质素合成。用分光光度法在 525 nm 波长下测其吸光度的变化,即可计算出 PPO 活性。

【实验材料】

苹果、枇杷、马铃薯等。

【仪器设备及用品】

分光光度计,离心机,研钵,冰浴,纱布。

【试剂药品】

0.1 mol/L 柠檬酸-磷酸缓冲液、邻苯二酚、聚乙烯吡咯烷酮(PVP)、抗坏血酸、焦亚硫酸钠。

【实验步骤】

1. PPO 粗酶液的提取

取切碎、混匀后的果蔬组织样品 1 g,加入 5 倍量的 0.1 mol/L 柠檬酸-磷酸缓冲液(pH 6.8)及 0.8 g PVP,在冰浴中研磨,全部转入离心管中以 10 000 r/min 的转速冷冻离心 15 min。取上清液用于酶活性测定,计量粗酶液的体积。

2. PPO 活力测定

3 mL 酶活性测定反应液中含有:1.9 mL 柠檬酸-磷酸的缓冲液、1.0 mL 邻苯二酚、0.1 mL 酶液。加入酶液后迅速混匀,立刻于 525 nm 下测定反应体系吸光值的变化,每隔 30 s 记录一次,共记录 5 次。

【实验结果与计算】

PPO 以每分钟 525 nm 处吸光值上升 0.01 作为一个酶活单位(U),记为 U/g FW。

$$\text{PPO活性[U/(g FW} \cdot \text{min)]} = \frac{\Delta A_{525} \times V_t}{0.01 \times V_s \times t \times \text{FW}}$$

式中，ΔA_{525} 为反应时间内吸光值的变化；V_t 为酶提取液总体积(mL)；V_s 为测定时所取酶液的体积(mL)；t 为反应时间(min)；FW 为样品鲜重(g)。

实验 35 果蔬组织中脂肪氧化酶(LOX)活力的测定

【实验目的】

1. 了解脂肪氧化酶(LOX)在果蔬采后贮藏期间的生理功能；
2. 掌握果蔬组织中 LOX 活力测定的原理和方法。

【实验原理】

脂肪氧化酶(LOX)是一种含非血红素铁的蛋白质，专一催化具有顺,顺-1,4-戊二烯结构的多元不饱和脂肪酸加氧反应，氧化生成具有共轭双键的过氧化氢物，在 234 nm 波长处有强吸收峰。它广泛存在于高等植物体内，与果蔬采后衰老、抗逆性和脂质过氧化作用等有关。

【实验材料】

苹果、桃、枇杷等果蔬。

【仪器设备及用品】

分光光度计，石英比色皿，离心机，天平，研钵，移液器等。

【试剂药品】

磷酸缓冲液(0.1 mol/L，pH 7.5)，硼酸缓冲液(0.05 mol/L，pH 9.0)，亚油酸，HCl，NaOH，乙酸钠缓冲液(0.05 mol/L，pH 5.6)，吐温-20。

【测定步骤】

1. 粗酶液的提取

称取切碎、混匀的果蔬样品 1 g，加入 5 mL 磷酸缓冲液(0.1 mol/L，pH 7.5)，在 4℃条件下混匀 30 min 后，10 000 r/min、4℃下离心 15 min，提取上清液即为酶提取液。

2. 底物配置

0.5 mL 吐温-20 溶解于 10 mL 硼酸缓冲液(0.05 mol/L，pH 9.0)中混匀，再逐滴加入 0.5 mL 亚油酸，混匀成乳浊液后加入 1.3 mL 1 mol/L 的 NaOH 至溶液澄清，然后加入 90 mL 硼酸缓冲液(0.05 mol/L，pH 9.0)，用 HCl 调节 pH 至 7.0,后定容至 200 mL。

3. 反应体系

9.5 mL 乙酸钠缓冲液(0.05 mol/L, pH 5.6)中加入 0.3 mL 亚油酸底物和 0.2 mL 酶提取液。

4. 酶活测定

在 234 nm 下测定反应液的吸光度ΔA 变化，每 15s 计数一次。以每分钟增加 0.01 吸光度值作为一个酶活单位（U），记为 U/g FW。

实验 36　果蔬组织中淀粉酶活性的测定

【实验目的】

1. 了解淀粉酶在部分果蔬采后生理、品质变化中的重要作用;
2. 掌握果蔬组织中淀粉酶活力的测定方法和原理。

【实验原理】

淀粉酶(amylase)水解淀粉生成麦芽糖、麦芽三糖、糊精等还原糖,主要是麦芽糖,产生的这些还原糖能使 3,5-二硝基水杨酸(DNS)还原,生成棕红色的 3-氨基-5-硝基水杨酸,在一定范围内其颜色的深浅与糖的浓度成正比,故可求出还原糖的含量,所以可以以单位重量样品在一定时间内生成的还原糖的量表示酶活力。

【实验材料】

成熟度较低的苹果、香蕉等。

【仪器设备及用品】

分光光度计,离心机,恒温水浴,具塞刻度试管,刻度吸管,容量瓶,研钵。

【试剂及配制】

1. 1 mg/mL 标准麦芽糖溶液:精确称取 100 mg 麦芽糖,用蒸馏水溶解并定容至 100 mL。

2. 3,5-二硝基水杨酸试剂:同还原糖测试。

3. 0.1 mol/L 柠檬酸缓冲液(pH 5.6):A 液为 0.1 mol/L 柠檬酸(称取 $C_6H_8O_7 \cdot H_2O$ 21.01 g,用蒸馏水溶解并定容至 1 L),B 液为 0.1 mol/L 柠檬酸酸(称取 $Na_3C_6H_5O_7 \cdot 2H_2O$ 29.41 g,用蒸馏水溶解并定容至 1L),取 A 液 55 mL 与 B 液 145 mL 混匀,即为 pH 5.6 的 0.1 mol/L 柠檬酸缓冲液。

4. 1%淀粉溶液:称取 1 g 淀粉溶于 100 mL 0.1 mol/L 柠檬酸缓冲液(pH 5.6)中。

5. 0.4mol/L NaOH:称取 16 g NaOH 溶于 100 mL 蒸馏水中(无需标定)。

【实验步骤】

1. 麦芽糖标准曲线的制作

取 7 支干净的具塞刻度试管,编号,按表 36-1 加入麦芽糖标准液、蒸馏水和 DNS 试剂,摇匀,置沸水浴中煮沸 5 min。取出后流水冷却,加蒸馏水定容至 20 mL。以 1 号管作为空白调零点,在 540 nm 波长下比色测定。以麦芽糖含量为横坐标,吸光度值为纵坐标,绘制标准曲线。

表 36-1　麦芽糖标准曲线制作　　　　　　　　　　　（单位：mL）

试剂	管号						
	1	2	3	4	5	6	7
麦芽糖标准液/mL	0	0.2	0.6	1.0	1.4	1.8	2.0
蒸馏水/mL	2.0	1.8	1.4	1.0	0.6	0.2	0
麦芽糖含量/mg	0	0.2	0.6	1.0	1.4	1.8	2.0
3,5-二硝基水杨酸/mL	2.0	2.0	2.0	2.0	2.0	2.0	2.0

2. 酶液制取

称取切碎、混匀的果蔬组织样品 1 g，置于研钵中，加 2 mL 蒸馏水，研磨成匀浆。将匀浆倒入离心管中，用 6 mL 蒸馏水分次将残渣洗入离心管。提取液在室温下放置提取 15~20 min，每隔数分钟搅动 1 次，使其充分提取。然后在 3000 r/min 的转速下离心 10 min，将上清液倒入 100 mL 容量瓶中，加蒸馏水定容至刻度，摇匀，即为淀粉酶粗提液。

3. 酶活力的测定

取干净的具塞刻度试管，加入粗酶液 1.0 mL，pH 5.6 的柠檬酸缓冲液 1.0 mL，置于 40℃恒温水浴 15 min，再分别在各管中加入 40℃预热的淀粉溶液 2.0 mL，混匀，立即放入 40℃水浴中保温 15 min，以促进酶促反应，再向各管中迅速加入 4.0 mL 0.4 mol/L NaOH，以终止酶的活性，然后准备测定。

再取经上述处理的溶液 2.0 mL，放入 25 mL 试管中，再加入 2.0 mL 3,5-二硝基水杨酸试剂，混匀。置沸水浴中 5 min，冷却后再用蒸馏水稀释至 25 mL。在 520 nm 处测其吸光值(A)。然后从标准曲线中查出相应的麦芽糖含量(mg)。

【实验结果与计算】

$$淀粉酶活力[\text{mg}/(\text{g}\cdot\text{min})] = \frac{C \times V_T}{W \times V_S \times T}$$

式中，C 为从标准曲线上查得的麦芽糖含量(mg)；V_T 为淀粉酶粗提液总体积(mL)；V_S 为反应所用的淀粉酶液体积(mL)；W 为样品重量(g)；T 为反应时间(min)。

实验 37　果蔬组织中的蔗糖合成酶类活性

【实验目的】

1. 了解果蔬组织中蔗糖合成酶类的种类及作用；
2. 掌握果蔬中蔗糖合成酶类的活性。

【实验原理】

蔗糖是果蔬组织内部重要的可溶性糖之一。蔗糖合成酶(SS)、蔗糖磷酸合成酶(SPS)是果蔬体内催化蔗糖合成的两种酶。蔗糖合成酶(SS)以游离果糖为受体，蔗糖磷酸合成酶(SPS)以果糖-6-磷酸为受体。SPS 形成的蔗糖磷酸，在蔗糖磷酸合成酶的作用下形成蔗糖。一般把蔗糖磷酸酯合成酶-蔗糖磷酸酶系统看做是蔗糖合成的主要途径，而把蔗糖合成酶看做是蔗糖分解或形成核苷酸葡萄糖的系统。UDPG(尿苷二磷酸葡萄糖)是合成蔗糖的葡萄糖供体，故催化 UDPG 合成的 UDPG 焦磷酸化酶活力与蔗糖合成的速率有十分密切的关系。

蔗糖合成酶(SS)催化游离果糖与葡萄糖供体 UDPG 反应生成蔗糖。

$$UDPG+果糖 \longrightarrow 蔗糖+UDP$$

这是一个可逆反应，平衡常数为 1.3~2.0。该酶在分解方向的 K_m 值相对较高(30~150 mmol/L)，细胞中高浓度的蔗糖有利于反应向分解方向进行。蔗糖合成酶活性测定既可在合成方向进行测定(外加底物 UDPG 和果糖，测产物蔗糖的量表示酶活性)，也可以在分解方向进行测定(外加蔗糖和 UPD，测定果糖含量表示酶活性)。

蔗糖磷酸合成酶(SPS)催化 UDPG 与果糖-6-磷酸(F6P)结合形成磷酸蔗糖：

$$UPDG+F6P \longrightarrow 蔗糖\text{-}6\text{-}P+UDP+H^+$$

6-磷酸蔗糖可以经磷酸蔗糖酶(SPP)水解后形成蔗糖。实际上最近有证据证明 SPS 和 SPP 可以在体内形成一个复合体，因此使得 SPS 催化的反应基本上是不可逆的。酶活性测定是外加 UDPG 和 F6P，测定产物蔗糖的量表示酶活性。

一般把 SPS-SPP 系统看做是蔗糖合成的主要途径，而把蔗糖合成酶看做是催化蔗糖分解的。

果糖是酮糖，可与间苯二酚混合加热反应生成红色产物，在一定范围内糖的含量与反应液颜色成正比。蔗糖在含有盐酸的间苯二酚中水解成葡萄糖和果糖，也能生成红色产物，在 480 nm 处可比色测定。

【实验材料】

苹果、桃、枇杷等果蔬样品。

【仪器设备及用品】

冷冻离心机，恒温水浴，分光光度计，研钵，磁力搅拌器，天平（感量 0.01mg），移液器，10mL 具塞试管，量瓶。

【试剂及配制】

1. 提取缓冲液：100 mmol/L Tris-HCl（pH 7.0）缓冲液，内含 5 mmol/L $MgCl_2$，2 mmol/L EDTA-Na_2，2%乙二醇，0.2%牛血清蛋白（BSP），2% PVP，5 mmol/L DTT。

2. 酶反应液：100 mmol/L Tris-HCl（pH 7.0）缓冲液，内含 10 mmol/L 果糖（测定 SS）或果糖-6-磷酸（测定 SPS），2 mmol/L EDTA-Na_2，5 mmol/L 乙酸镁，5 mmol/L DTT。

3. 10 mmol/L UDPG：称取 0.012 206 g UDPG，配成 2 mL，浓度记为 10 mol/L UDPG，随配随用。

4. 2 mol/L NaOH。

5. 30 % HCl。

6. 0.1 %间苯二酚：0.1 g 间苯二酚溶于 100 mL 95%乙醇中，棕色瓶保存。

7. 1 mg/mL 蔗糖标准液。

【实验步骤】

1. 酶液制备

称取切碎、混匀的果蔬组织样品 1 g，置于预冷的研钵中，分批加入 5 mL 提取缓冲液，冰浴研磨提取，4℃下 10 000 r/min 离心 15 min，上清液备用并测定其体积。

2. 蔗糖合成酶（SS）活性测定

取 3 支 10 mL 具塞试管，加入 0.4 mL 酶反应液，0.1 mL UDPG 和 0.1 mL 粗酶液，补水至 1 mL，于 30℃水浴中反应 10 min 后，沸水浴 3 min 中止反应，对照用蒸馏水代替 UDPG。

3. 蔗糖含量测定

向各反应试管中加入 2 mol/L NaOH 0.1 mL，沸水浴 10 min 后，冷却至室温。加 30% HCl 3.5mL，0.1%间苯二酚 1 mL，摇匀后于 80℃保温 10 min，冷却后 480 nm 处比色，测定蔗糖生成的量。

4. 蔗糖磷酸合成酶（SPS）反应

在酶反应液中用 10 mol/L 果糖-6-磷酸代替果糖，其余均按蔗糖合成酶的方法测定。

5. 蔗糖标准曲线制作

取 7 支 10 mL 具塞试管，并按表 37-1 加入各种试剂，按上述步骤 3 反应并测定其吸光度。以吸光度值为纵坐标，蔗糖含量为横坐标，绘制标准曲线，以计算反应中蔗糖形成的数量。

表 37-1　蔗糖标准曲线制作

试剂	管号						
	1	2	3	4	5	6	7
1 mg/mL 蔗糖标准液/mL	0	0.1	0.2	0.4	0.6	0.8	1.0
蒸馏水/mL	1.0	0.9	0.8	0.6	0.4	0.2	0
蔗糖含量/mg	0	0.1	0.2	0.4	0.6	0.8	1.0
A_{480}							

【实验结果与计算】

蔗糖合成酶、蔗糖磷酸合成酶活力单位均为 mg 蔗糖/(g×FW×L)：

$$酶活力[mg\ 蔗糖/(g×FW×L)]=C×V_t/(FW×t×V_s)$$

式中，C 为从标准曲线查得的蔗糖量(mg)；FW 为样品鲜重(g)；t 为反应时间(h)；V_t 为提取酶液总体积(mL)；V_s 为测定时取用的酶液体积(mL)。

实验38　果蔬组织中酸性转化酶和碱性转化酶活性测定

【实验目的】

1. 了解果蔬组织中酸性转化酶和碱性转化酶的作用；
2. 掌握转化酶的测定方法和原理。

【实验原理】

转化酶是催化蔗糖降解的重要酶类，测定转化酶活性对了解果蔬组织内葡萄糖和果糖含量的变化都有重要意义。现在的研究表明，还原糖的变化可能与果实抗冷性有关。

转化酶催化蔗糖的水解反应：

$$蔗糖 + H_2O \longrightarrow 葡萄糖 + 果糖$$

根据催化反应所需的最适 pH，可将转化酶进一步分为两种，一种称为酸性转化酶，其催化反应最适 pH 为 4.0~5.5，主要分布在液泡和细胞壁中。另一种转化酶称为碱性或中性转化酶，其最适 pH 为 7.0~8.0，主要分布在细胞质中。

蔗糖是非还原糖，水解后的主要产物——葡萄糖和果糖都是还原糖，因此可测定水解生成的还原糖的量来表示酶活性的大小。还原糖在碱性条件下与 3,5-二硝基水杨酸试剂共热时，可将黄色的 3,5-二硝基水杨酸还原为棕红色的氨基化合物。在一定范围内还原糖的量与反应液颜色的深浅成正比。

【实验材料】

苹果、桃、枇杷等果蔬样品。

【仪器设备及用品】

冷冻离心机,恒温水浴锅,分光光度计,研钵,磁力搅拌器,天平(感量 0.1 mg)、移液器，5 mL 具塞试管等。

【试剂及配制】

1. 提取缓冲液：同蔗糖合成酶类活性测定。
2. 酶反应液：80 mmol·L^{-1} 乙酸-K$_3$PO$_4$（pH 4.7 和 pH 7.0）缓冲液，内含 50 mmol/L 蔗糖。
3. 葡萄糖标准液：1 mg/mL。
4. 3,5-二硝基水杨酸（DNS）：配制同实验 8。

【实验步骤】

1. 酶液制备

同蔗糖合成酶类活性测定。

2. 酶反应

取 3 支 5 mL 具塞试管，加入 0.90 mL 反应液和 0.1 mL 酶液，30℃水浴锅中反应 10 min，煮沸 3 min 中止反应。用预先加热煮沸灭活的酶液作为对照。

3. 还原糖含量测定

向各反应试管中加入 3,5-二硝基水杨酸试剂 1 mL，沸水浴 5 min，冷却至室温，于 540 nm 比色测定生成的还原糖的量。

4. 标准曲线制作

参考第一部分实验，制作葡萄糖标准曲线。

【实验结果与计算】

酶活力以 mg 葡萄糖/(g FW·h)表示。

$$酶活力\left[mg葡萄糖/(g\,FW\cdot h)\right]=\frac{C\times V_t}{FW\times t\times V_s}$$

式中，C 为从标准曲线查得的葡萄糖量(mg)；FW 为组织鲜重(g)；t 为反应时间(h)；V_t 为提取酶液总体积(mL)；V_s 为测定时取用酶液体积(mL)。

【思考题】

蔗糖分解的途径有哪些？

实验 39　乙烯对果实的催熟作用

【实验目的】

1. 了解乙烯利催熟果实的原理和方法；
2. 分析催熟对果实品质和生理的影响。

【实验原理】

部分呼吸跃变型果实，如香蕉、番茄等，在绿熟期采收。此时果实质地较硬，适合于储运。在销售前，经催熟处理，使其成熟并形成良好的风味。催熟是果蔬储运中常用的方法。

乙烯对果实成熟有明显的促进作用。正常情况下，乙烯以气体的形式在植物体内产生并释放出来。在生产实践中，应用气态乙烯不够方便，一般使用一种人工合成的乙烯释放剂——乙烯利作为替代物。

乙烯利的化学名称为 2-氯乙基膦酸。该物质可溶于水，并当 pH>4.1 时分解产生乙烯。一般果蔬组织的 pH 较低，所以，当液态乙烯利渗入果蔬组织后，即分解释放出气态乙烯，促进果实成熟。

【实验材料】

跃变型果实，如香蕉、苹果、柿子、番茄、猕猴桃等，正常商业成熟时采收。

【仪器设备及用品】

干燥器，小喷壶。

【试剂及配制】

1. 乙烯利水剂：分别配制为 50 mg/L、100 mg/L、200 mg/L 和 400 mg/L 的系列溶液，分装至小喷壶中。
2. 蒸馏水。

【实验步骤】

1. 处理

挑选大小一致、无病虫害及机械损伤的果实，每份称取 1 kg，共称 5 份，分别喷施蒸馏水(对照)、50 mg/L、100 mg/L、200 mg/L 和 400 mg/L 乙烯利溶液，密闭，室温(记录)放置。

2. 观察

每天观察各干燥器中的果实颜色并进行记录。一星期后，打开干燥器取出果实，观察记载果实颜色，品尝比较各处理果实的香味、硬度及口感，总结乙烯利的催熟效果。

3. 测定

参考第一部分果蔬原料新鲜度检测的方法，借助仪器分析测定果实的硬度、糖、酸含量等品质指标的变化。

【注意事项】

1. 乙烯利水剂大多不是纯品，配制时应注意浓度换算。

2. 喷施乙烯利时，5 个处理所使用的溶液体积应当相同，并要保证每个果实表面均匀沾有溶液。

【思考题】

1. 该实验的 5 个处理中果实达到完熟的时间分别是几天？

2. 不同浓度的乙烯利处理对果实的色、香、味有影响吗？

3. 你认为该实验中乙烯利催熟果实的最适浓度是多少？为什么？

4. 媒体报道催熟的"有毒香蕉"，对此你有何看法？

实验 40　果蔬冷害分析

【实验目的】

1. 了解冷害的相关理论和机理；
2. 通过观察，识别几种果蔬冷害的症状；
3. 分析不同贮藏温度对冷害的影响。

【实验原理】

冷害是一些原产于热带、亚热带的水果和蔬菜在高于冰点的低温贮藏时，由于不适当的低温造成代谢失调而引起的伤害。它与冻害不同，不是由于组织结冰造成的，而是低温(0℃以上)对这些产品的细胞膜造成损伤而引起的。例如，香蕉、柠檬等果实均易发生冷害。最常见的冷害的症状是表面产生斑点或凹陷，局部组织坏死，表皮褐变，果实褐心，果实不能正常后熟。在冷害温度下贮藏的果蔬转移到高温环境后，这些症状变得更加严重。不同的果蔬其冷害的症状各有不同，对低温的敏感性也不同。采收成熟度和生长季节也影响冷害的程度，一般原产地及生长期要求温度高的果蔬品种、同一品种夏季高温生长的果蔬、同一生长季节成熟度低的果蔬更易发生冷害。

果蔬储运过程中，防止冷害的关键是要对温度严格控制，经常观察温度变化，一旦温度过低，需及时采取升温措施。

冷害是果蔬在不适宜的低温条件下贮藏所引起的生理病害，多发生于原产热带或夏季成熟的果蔬。果蔬遭受冷害后，乙烯释放量增多，出现反常呼吸反应，表面也出现一些病害症状。本实验着重于表面病害症状和风味变化的观察。

【实验材料】

桃、枇杷、柑橘、香蕉、青椒、黄瓜、绿番茄等。

【仪器设备】

恒温恒湿箱。

【实验步骤】

1. 不同温度贮藏

将黄瓜、青椒、绿番茄或未催熟的香蕉(任选 2 或 3 种)，分成 4 组，分别贮藏于 0℃、5℃、10℃、15℃下 10~15 天，比较不同温度下贮藏效果及冷害发生情况。

将桃、枇杷、柑橘(任选 1 或 2 种)分为 3 组，一组贮藏于 0℃以下 1 个月，一组贮藏于 5℃以上，时间也为 1 个月，最后一组贮藏于 10℃下 1 个月。比较不同温度贮藏效果及冷害情况。

2. 冷害评价

评价冷害的指标通常包括：冷害指数、褐变指数、出汁率、果皮难剥离程度(枇杷)等。

同时，可以进一步测定多种生理代谢的变化，如活性氧代谢(SOD、APX、GR、CAT 活性，超氧阴离子产生速率，过氧化氢含量)、膜透性及脂肪酸组成、MDA 含量、脯氨酸含量等，来反映果蔬处于不同低温逆境下的抗性变化。

【思考题】

1. 果蔬贮藏过程中，如何避免冷害？

2. 哪些采后处理方法能够减轻低温冷害？

实验41　果蔬组织中同工酶和可溶性蛋白质的凝胶电泳

【实验目的】

1. 掌握同工酶的定义及凝胶电泳的工作原理；
2. 利用凝胶电泳对同工酶和可溶性蛋白质进行分析。

【实验原理】

同工酶是指能催化同一种化学反应，但其分子结构不同的一组酶，它和其他种类的蛋白质一样，都是 DNA 编码的遗传信息表达的产物。果蔬组织同工酶与果蔬的生长、发育阶段和环境条件密切相关。近期研究表明，果蔬在非正常生长环境或在其他逆境条件下，可以诱导合成新的特异性蛋白质，同工酶谱也会发生改变。因此，在研究果蔬基因表达调控与生长发育及环境条件的关系以及许多生理问题时，常常要分析可溶性蛋白质和同工酶，这在理论和实践中都具有十分重要的意义。用聚丙烯酰胺凝胶电泳分离可溶性蛋白质和同工酶方法简便，灵敏度高，重现性强，结果便于观察、记录和保存，为许多研究者广为采用。

带电粒子在电场中向带有相反电荷的电极移动，称为电泳。若以 V 代表球形分子在电场中的移动速度，E 代表电场强度，q 为带电粒子所带电荷量，粒子半径为 r，溶液黏度为 η，则 $V=Eq/6\pi r\eta$ 即为电泳速度与电场强度和颗粒所带电荷量成正比，而与颗粒的大小、溶液的黏度成反比。在一定的 pH 条件下，每一种分子都具有一定的电荷、大小与形状，在相同的电场经一定时间的电泳，便会集中到特定的位置上而形成紧密的泳动带。不同组分的蛋白质(包括同工酶)分子组成、结构、大小、形状均有所不同，在溶液中所带的电荷多寡不同，在电场中的运动速度也不同。因此经过电泳便会分成不同的区带。然后用适当的染料着色，这样就可以在凝胶上展现出蛋白质或同工酶的谱带。聚丙烯酰胺凝胶电泳(polyacrylamide gel electrophoresis，PAGE)是以聚丙烯酰凝胶作支持介质的一种电泳方法。它是由丙烯酰胺单体(acrylamide，Acr)和交联剂甲叉双丙烯酰胺(N,N'-methylene bisacrylamide，Bis)在催化剂的作用下，聚合交联而成的三维网状结构凝胶。当 Acr 和 Bis 遇到自由基时，便能聚合。引发自由基产生的方法有两种：化学法和光化学法，亦称为化学聚合法或光化学聚合法。化学聚合的引发剂是过硫酸铵(PA)。在催化剂 N,N,N',N'-四甲基乙二胺(tetramethylenediamine，TEMED)的作用下，由 PA 形成氧自由基而引发聚合反应，由于反应需要 TEMED 的游离碱基，所以在低 pH 下，聚合反应可能延迟甚至被阻止。增加 TEMED 或过硫酸铵浓度可以增加聚合反应速率，但速率过快影响制板操作，两者浓度过高也影响蛋白质活性。光聚合以核黄素(维生素 B_2)作为催化剂(可以不加 TEMED)，在痕量氧的存在下，光照启动核黄素光解形成自由基，从而引发聚合反应。但过量的氧会阻止链长的增加。若在光聚合时加入 TEMED 可以加速聚合。光聚合形成的凝胶孔径较大，而且随时间延长逐渐变小，不太稳定，所以用它来制备大孔径凝胶较合适。采用过硫酸铵-TEMED 化学聚合形成的凝胶孔径较小，而且重复性好，常用来制备分离胶。氧抑制聚合反应，因此凝胶混合物在聚合前需要脱气。Acr和 Bis 的浓度、交联度可以决定凝胶的密度、黏度、弹性、机械强度以及孔径大小。100 mL 凝胶溶液中含有的单体和交联剂总克数为凝胶浓度，用 $T\%$ 表示。凝胶溶液中交联剂占单体加交联剂总量的百分数称为交联度，用 $C\%$ 表示。

$$T\% = \frac{a+b}{m} \times 100 \qquad C\% = \frac{b}{a+b} \times 100$$

式中，a 为 Acr 的质量(g)；b 为 Bis 的质量(g)；m 为凝胶溶液总体积(mL)。

在此，$a:b(m/m)$ 是关键；$a:b<10$ 时，形成的凝胶脆、硬，呈乳白色；$a:b>100$ 时，即使 5%的凝胶也呈糊状，易断裂。要制备透明而有弹性的凝胶，$a:b$要控制在 30 左右。通常 $T=2\%\sim5\%$时，$a:b=20$ 左右；$T=5\%\sim10\%$时，$a:b=40$左右；$T=15\%\sim20\%$时，$a:b=125\sim200$。T 为 3%~25%，凝胶易发生聚合。$T=7.5\%$的胶称为标准凝胶。大多数生物体内的蛋白质在此凝胶中电泳能得到满意的结果。聚丙烯酰胺凝胶电泳使蛋白质分离的效应有三个，一是电荷效应：各种蛋白质分子所带电荷不同，在同一电场中泳动率不同；二是分子筛效应：蛋白质分子大小和形状各不相同，在通过一定浓度(一定孔径)凝胶时受到的阻力各不相同，泳动率也不相同；三是凝胶为不连续系统(凝胶层、pH、电位梯度均不连续)，从而使样品浓缩在一个极窄的起始区带，即所谓的浓缩效应，提高了条带分辨率。

【实验材料】

苹果、桃、梨等果实。

【仪器与用具】

电泳仪一套(稳压电源，垂直电泳槽和相配套的凹槽玻璃)；真空泵及真空干燥器；台式高速离心机(10 000r/min)；烧杯：50 mL×1 个、25 mL×1 个；三角瓶：100 mL×1 个；微量进样器：50 μL×2 个；注射器：5 mL×1 个；穿刺针头；皮头滴管；刻度吸管：10 mL×3 个、5 mL×2 个、0.1 mL×1 个；医用胶布；培养皿：20 mL×2 个(或用白瓷盘代替，染色用)；细玻棒；玻璃纸。

【试剂及配制】

1.30 %丙烯酰胺(Acr，未纯化的试剂，配制后需过滤)。

2.1 %甲叉双丙烯酰胺(Bis)。

3.10 %的过硫酸铵(AP 冰箱贮藏，不得超过 5 天)。

4. 分离胶缓冲储备液(3 mol/L Tris-HCl pH 8.8)：称取 36.6 g Tris 加 30 mL 蒸馏水和 48 mL 1mol/L HCl，再用酸度计调 pH 至 8.8，定容至 100 mL。

5. 浓缩胶缓冲储备液(0.5 mol/L Tris-HCl pH 6.8)：称取 6.0 g Tris 溶于 40 mL 蒸馏水中，用 1 mol/L HCl 约 48 mL 调 pH 至 6.8，定容至 100 mL；

6. 电极缓冲液(0.25 mol/L Tris, 1.92 mol/L 甘氨酸, pH 8.3)：称取 3 g Tris 14.4g 甘氨酸，重蒸馏水定容至 100 mL，用时稀释 10 倍。

7. N,N,N',N'-四甲基乙二胺(TEMED)。

8. 提样缓冲液：稀释 4 倍的浓缩胶缓冲液。

9. 样品处理液：5 mL 甘油，0.5 mL 0.1%溴酚蓝，5 mL 浓缩胶缓冲液，加水 14.5 mL；1.5%琼脂。

10. 染色所用试剂：5 mol/L HAC，1.5 mol/L NaAC，3%H_2O_2，7%乙酸，氮蓝四唑（NBT），核黄素，50 mmol/L pH 7.8 磷酸缓冲液，0.1mol/L pH 7.0 磷酸缓冲液，0.1 mol/L $Na_2S_2O_3$，0.09 mol/L KI，10%甘油，考马斯亮蓝 R250，乙醇，冰醋酸，氯仿。

【实验步骤】

1. 凝胶制备

(1) 取两块电泳玻板(其中一块有凹槽)，用热去污剂洗净，蒸馏水冲洗，直立干燥。洗净的玻板内面要避免手指触摸以防沾污。根据所需凝胶厚度选择 1~3 mm 厚的玻璃或 Teflon 夹条，安装并用胶布将两侧封好。将板用铁夹固定于制胶架上，下部插入封胶琼脂小盒中。待模具安装好后，用电极缓冲液配制 1.5%琼脂液(冬天 1.5%，夏天 2%)，沸水浴加热至琼脂完全溶化后，用皮头滴管先沿板上部灌入两侧的封胶孔再直接于琼脂盒将琼脂灌入，注意不要产生气泡。一旦用琼脂封板后，模具不应再挪动，以防产生裂缝。封好的模具应三面有连续琼脂封闭区。

(2) 根据需要从表 41-1 中选择适当浓度值，配制凝胶。一般同工酶可选择 7.5%~10%的胶(过氧化物酶 7.5%较合适，超氧化物歧化酶用 10%，可溶性蛋白可根据需要配制)。将配制好的凝胶液置真空干燥器中，抽气 10 min，再加入 TEMED 15 μL，混匀后用一细玻棒引流，沿无凹槽的玻板缓缓注入胶室中，注胶过程防止气泡产生。胶液加到离凹槽 3 cm 处为止，立即用注射器轻轻在胶溶液上面铺 1 cm 高的水层，但不要扰乱丙烯酰胺胶面。待分离胶和水层之间出现清晰的界面时，表示聚合已完成。用注射器小心吸出上层覆盖水，按表 41-1 配制好浓缩胶，抽气后加入 5 μL TEMED，混合后加到分离胶上层，插入预先选择好的样品梳，注意不要带入气泡。

表 41-1 丙烯酰胺凝胶配制表

类别	分离胶							浓缩胶
T%	5	7.5	10	12.5	15	17.5	20	3
30%Acr/mL	5.0	7.3	9.75	12.32	14.88	17.4	20.0	1
1%Bis/mL	4	5.6	7.5	5.4	3.5	3.5	3	1
分离胶缓冲液/mL	3.75	3.75	3.75	3.75	3.75	3.75	3.75	−
浓缩胶缓冲液/mL	−	−	−	−	−	−	−	2.5
重蒸水/mL	17.05	13.15	8.8	8.33	7.67	5.15	3.05	5.43
10%AP/mL	0.2	0.2	0.2	0.2	0.2	0.2	0.2	0.07

注：分离胶 30 mL，浓缩胶 10 mL，可根据需要，按比例增减各成分的体积。

2. 样品制备

准确称取切碎的果蔬组织样品 100 g，−80℃低温冷冻干燥。取 1 g 干燥样品加入少量提样缓冲液，置冰浴研磨匀浆后定容至 5 mL，10 000 r/min 离心 15 min，上清液为可溶性蛋白质的粗提液。取此液 0.5 mL 加入等体积样品处理液，混匀后储于冰箱备用。

（1）将制好的凝胶板夹在电泳槽上，向上下槽注入电极缓冲液，取下样品梳（注意不要拉断样槽隔墙）。将微量进样器针头插入样槽下部慢慢进样。每槽点样 15~20 μL。

（2）上槽接负极，下槽接正极，接通电源，电流调至 15~20 mA，电压为 200V，电泳至溴酚蓝标志到达凝胶前沿为止。将电流、电压调至零后断电。

（3）电泳结束后，取下玻板，揭掉胶布，抽出夹条，将两块玻板置自来水龙头下，借助水流，用解剖刀柄轻轻从板侧缝间撬开玻板（注意切忌从凹槽处撬），将胶放入染色液中。

3. 染色

（1）过氧化物酶染色。称取 0.1 g 联苯胺，加少量无水乙醇溶解，依次加入 5 mol/L HAC 10mL，1.5 mol/L NaAC 10mL，H_2O 70 mL，最后加入 3~5 滴 H_2O_2。将此显色液倾入 20 cm 培养皿中，待电泳凝胶片加入后不断搅动，观察各条带显色的先后，照相或用铅笔画出过氧化物酶同工酶谱。最后用 7%乙酸固定（注意色带在 HAC 溶液中容易褪色，固定时间不宜过长）。拍照或制成干胶片保存结果。

（2）超氧化物歧化酶染色。染色液组成：氮蓝四唑（NBT）25 μmol/L；核黄素 0.01%；50 mmol/L pH 7.8 磷酸缓冲液（含 1 mmol/L EDTA）；染色时，将准备好的电泳胶板放入盛有 80 mL NBT 溶液（根据胶板大小加减溶液用量）的培养皿中，浸泡 15 min 后，换核黄素溶液浸泡 5 min；然后将胶板放入含有 1 mmol/L EDTA pH 7.8 的磷酸缓冲液中，在距胶板 10 cm 高度用 40W 日光灯直射胶面，直至在蓝色背景上出现透明条带为止。

（3）过氧化氢酶同工酶染色。染色液的组成 A 液：3% H_2O_2 25 mL，0.1mol/L

pH 7.0 磷酸缓冲液 5 mL，0.1 mol/L Na$_2$S$_2$O$_3$ 3.5 mL；B 液：0.09 mol/L KI 25 mL 加蒸馏水 25 mL；先将准备好的电泳胶板浸泡在 A 液中，室温下放置 15 min，倒出 A 液，用蒸馏水彻底冲洗干净，加入 B 液，酶活性表现在蓝色背景上的白色区带。蒸馏水漂洗后 10%甘油固定。

(4) 可溶性蛋白的染色。称取 0.2 g 考马斯亮蓝 R250，用少量无水乙醇溶解，用含有 40%乙醇和 7%乙酸的水溶液稀释至 200 mL。将胶板浸入此液室温下染色 5~6 h，倒去染色液，用水冲洗附着于胶面的染料，再将胶浸入，脱色液中(400 mL 乙醇，70 mL 冰醋酸加水到 1000 mL)更换脱色液几次，直到背景清晰为止。

(5)结果保存。将脱过色的凝胶照相或扫描后作为实验报告的凭证。作为学生实验报告可用绘图或制作干胶的方法记录酶谱带或可溶性蛋白质的主要谱带或用干胶片保存结果。方法如下所述。

A. 干胶制备：裁下 2 张比胶片四边长 3 cm 左右的玻璃纸在水中浸湿后，先将一张平铺在玻璃板上，放上凝胶片再盖上另一张，用玻棒赶走气泡，将玻璃纸边缘折向玻板底部，用另一块同样大小的玻璃板压住，再用夹子夹住两端固定，室温下避光放置一天左右即可，然后取下干胶，修剪整齐保存。

B. 绘图表示：将各种酶带按照颜色深浅绘成谱带图。

【注意点】

1. SOD 同工酶电泳时，分离胶浓度应选择 10%；样品提取液可用 50 mmol/L pH 7.8 的磷酸缓冲液比较理想。

2. Acr 和 Bis 是神经性毒剂，且对皮肤有刺激作用。配制储液、配胶、灌胶操作时，要戴上医用乳胶手套或指套，避免与皮肤接触。只要细心操作，一般不会引起损伤。

3. Acr 和 Bis 的纯化。精确的定量分析和制备电泳需要纯度更高的 Acr 和 Bis，其提纯方法如下。

(1) Acr 重结晶方法：将 Acr 溶于 50℃氯仿中(70 g/L)，趁热过滤，滤液冷却至−20℃，结晶。用冷的布氏漏斗抽滤，收集结晶。用冷氯仿淋洗结晶，真空干燥。纯 Acr 的熔点为(84.5±0.3)℃。

(2) Bis 重结晶方法：将 12 g Bis 溶于 1000 mL 40~50℃的丙酮中，趁热过滤，滤液逐渐冷却至 20℃，用冷的布氏漏斗抽滤，收集结晶。用冷丙酮淋洗，真空干燥。纯 Bis 的熔点为 185℃。

4. 果蔬样品由于含水量较高，需经过低温冷冻干燥后进行样品提取。

【思考题】

1. 简述聚丙烯酰胺凝胶电泳分离蛋白质的原理。同工酶定位原理是什么？

2. 上下两槽电极液用过一次后能否混合后供下次电泳使用？为什么？

3. SOD 和过氧化物酶同工酶的染色方法与其他 3 种染色法在原理上有何不同？

实验42 果蔬组织中核酸的提取与测定

42.1 果蔬组织中基因组总DNA的提取

【实验目的】

分离果蔬组织中基因组 DNA 是建立基因组文库、遗传标记作图及基因克隆的前提。不同的下游操作，对所提取 DNA 的量、纯度、完整性的要求也不同。在实验中，应根据实验目的，采用快速、简便、安全的方法，对基因组 DNA 进行提取和鉴定。

【实验原理】

DNA 提取是植物分子生物学研究的基础技术，目前已经可以从植物叶片、愈伤组织、组培苗、果实、韧皮部等组织器官中提取出 DNA。但是一些情况下不同植物甚至同类植物组织材料的来源、部位、形态等外在性质的不同及化学成分、组织结构等内在特点的差异，提取基因组 DNA 的方法也相应不同或需改进。将植物组织在液氮中研磨以破碎细胞壁。采用一定 pH，通常含有去垢剂、EDTA 的裂解液在破坏细胞膜的同时将 DNA 抽提至水相，得到 DNA 的粗提液。再根据不同植物材料的成分特点，采取各种方法抽提，取出杂质，最后用一定的沉淀剂将 DNA 沉淀出来。

由于很多果蔬组织中富含多糖、多酚、单宁、色素及其他次生代谢物质，从这些果蔬组织中分离出的 DNA 由于多酚被氧化成棕褐色，多糖、单宁等物质与 DNA 结合成黏稠的胶状物，获得的 DNA 常出现产量低、质量差、易降解，影响后续的试验。

此处介绍用 CTAB（十六烷基三乙基溴化铵）快速提取果蔬组织中 DNA 的方法。CTAB 法的最大优点是能很好地去除糖类杂质，该方法另外一个特点是在提取的前期能同时得到高含量的 DNA 及 RNA，如果后续实验对二者都需要，则可以分别进行纯化，比较灵活，具有很好的通用性。CTAB 是一种阳离子去污剂，可以裂解细胞并释放出 DNA。再经氯仿-异戊醇抽提，去除蛋白质杂质，即可得到适合分子操作的 DNA。

【实验材料】

桃、油桃等果实。

【仪器设备及用品】

分析天平，恒温水浴，冷冻高速离心机，1000 μL 微量进样器及一次性枪头，预冷的研钵，50 mL 离心管。

【试剂及配制】

1. 液氮。

2. 氯仿-异戊醇：24∶1（体积比）。

3. CTAB 分离缓冲液：100 nmol/L Tris-HCl，pH 8.0 内含有 2% CTAB（质量浓度），1.4 mol/L NaCl，20 mol/L EDTA。配置后室温避光储存，用前加入 0.2%（体积分数）β-巯基乙醇。

4. 洗涤缓冲液：76%乙醇、10 mmol/L 乙醇胺共 100 mL。

5. TE 缓冲液：10 mmol/L Tris-HCl，1 mmol/L EDTA，pH 8.0。

6. 异丙醇。

【实验方法】

1. 称取 1.0~1.5 g 液氮处理的果肉样品，置于预冷的研钵内，加入液氮研磨成粉末。

2. 加入 10~15 mL 预热至 60℃的 CTAB 分离缓冲液，混合成匀浆，转移至 50 mL 离心管。

3. 60℃水浴保温 30 min。

4. 加入等体积的氯仿-异戊醇，轻轻颠倒混匀。

5. 4℃ 10 000 g 离心 10 min，用微量进样器吸出水相，同时量取体积。

6. 加入 2/3 体积预冷的异丙醇，轻轻转动离心管，即可观察到 DNA 沉淀。

7. 依步骤 5 再离心一次，小心弃去上清，用 10~20 mL 洗涤缓冲液反复洗涤沉淀 3 次。

8. 将 DNA 沉淀溶于 1 mL TE 缓冲液中，进行纯度测定。

【注意事项】

1. DNA 分子容易受到机械力作用而断裂成小片段，轻轻操作 DNA 溶液和快速冷冻果蔬组织对提高 DNA 的质量很重要，各步操作均应尽可能温和，尤其避免剧烈振荡，不能使用太细口的吸头，也不能吸得太快。

2. 最适条件下，提取的 DNA 呈白色纤维状，可用适当工具从溶液中钩出。富含多糖的组织会使 DNA 呈胶状，极难溶解。如果提取的 DNA 呈褐色，说明有酚类物质污染，可在 CTAB 分离缓冲液中添加 2%（质量浓度）的 PVP（聚乙烯吡咯烷酮，相对分子质量 10 000）。

42.2　DNA 浓度、纯度的快速测定

（一）紫外吸收光谱法

【实验原理】

DNA 在 260 nm 处有一个明显的吸收峰。若吸收峰出现偏差，则说明样品有 RNA 或其他非核酸类杂质。对于较纯的样品，还可以通过 260 nm 处的吸光度估测样品的浓度。

【实验材料】

从果蔬组织中提取的 DNA 样品。

【仪器设备及用品】

紫外分光光度计，石英比色杯，光程 1 cm。

【试剂药品】

TE 缓冲液。

【实验步骤】

1. 取溶于 TE 缓冲液的 DNA 样品分别于 260 nm 和 280 nm 比色，测定吸光度，分别以 A_{260} 和 A_{280} 表示。正常值应为 $A_{260}/A_{280}=1.8\pm0.1$。若存在偏差，则说明样品中有 RNA 或其他杂质。

2. 于 200~300 nm 扫描样品的紫外吸收光谱。DNA 应在 260 nm 处有一明显的吸收峰。

3. 在 1 cm 光程下，较纯的 DNA 可根据 A_{260} 的值来估测浓度：

$$1.0A_{260}=50\mu L/mL\ DNA$$

（二）DNA 样品的琼脂糖凝胶电泳快速测定

【实验原理】

琼脂糖凝胶可以构成一个直径 50~200 nm 的三维筛孔通道，可分离 1~25 kb 的 DNA 片段。在水平电场中，低电压时，DNA 片段的迁移率与所用的电压成正比。DNA 样品可通过溴化乙锭（EB）染色，在紫外灯下直接观察到荧光。

【实验材料】

从果蔬组织中提取的 DNA 样品。

【仪器设备及用品】

电泳设备一套，包括电源、水平电泳槽和梳子；胶带；恒温水浴或微波炉；；20 μL 加样枪或毛细滴管；三角瓶。

【试剂药品】

1. 电泳缓冲液：常用 1×TAE 或 5×TBE。配方见表 42-1。一般配置 5×或 10×

储存液，实验时稀释。

表 42-1　几种常用的电泳缓冲液

缓冲液	工作液	储存液/L
TAE	1× 40 mmol/L Tris-乙酸盐 1 mmol/L EDTA	50× 242 g Tris 57.1 mL 冰醋酸 100 mL 0.5 mmol/L EDTA (pH 8.0)
TPE	1× 90 mmol/L Tris-磷酸盐 2 mmol/L EDTA	10× 108 g Tris 15.5 mL 磷酸 (85%，1.679 g/mL) 40 mL 0.5 mmol/L EDTA (pH 8.0)
TBE	0.5× 45 mmol/L Tris-硼酸盐 1 mmol/L EDTA	5× 54 g Tris 27.5 g 硼酸 20 mL 0.5 mmol/L EDTA (pH 8.0)

2. 溴化乙锭(EB)储存液：10 mg/mL，室温避光保存。

3. 琼脂糖凝胶：根据表 42-2 确定琼脂糖凝胶的浓度。琼脂糖凝胶的体积可以倒入水平电泳槽 3~5 mm 厚为宜。确定胶浓度和体积后，称取足量琼脂糖干粉，加到盛有定好量的电泳缓冲液的三角瓶中，加盖(不要盖紧)，置沸水浴中加热到琼脂糖融化，转移至 55℃水浴保温备用。

表 42-2　琼脂糖浓度与所分离 DNA 片段大小的关系

琼脂糖浓度/%	DNA 大小
0.5	700 bp~25 kb
0.8	500 bp~15 kb
1.0	250 bp~12 kb
1.2	150 bp~6 kb
1.5	80 bp~4 kb

4. 样品缓冲液：见表 42-3。使用何种样品缓冲液依据个人习惯。

表 42-3　常用样品缓冲液配方(6×)

缓冲液类型	6×缓冲液(质量浓度)	储存温度
I	0.25%溴酚蓝 0.25%二甲苯氰 FF 40%蔗糖水溶液	4℃

续表

缓冲液类型	6×缓冲液(质量浓度)	储存温度
II	0.25%溴酚蓝 0.25%二甲苯氰 FF 15%蔗糖水溶液	室温
II	0.25%溴酚蓝 0.25%二甲苯氰 FF 15% Ficoll 水溶液	4℃
III	0.25%溴酚蓝 0.25%二甲苯氰 FF 30%甘油水溶液	4℃
IV	0.25%溴酚蓝 40%蔗糖水溶液	4℃

5. DNA 标准样品(用于测定 DNA 相对分子质量):根据所分离 DNA 分子的大小,可选购高分子质量标准(1~20 kb)或低分子质量标准(100~1000 bp)。按说明书用样品缓冲液稀释后使用。

【实验步骤】

1. 清理电泳槽,用胶带将电泳槽模具开放的两边封闭。

2. 将 55℃的琼脂糖凝胶倒入电泳槽,至胶厚度为 3~5 mm,插上梳子。注意胶内及梳齿间不能出现气泡。

3. 待胶凝固后,加少量电泳缓冲液与凝胶顶部,小心拔出梳子,倒出电泳缓冲液,撕去封边胶带,将凝胶安放到电泳槽内。

4. 向电泳槽内加入电泳缓冲液,淹没凝胶约 1 mm。

5. 混合 DNA 样品和 0.2×体积样品缓冲液。

6. 点样。分子质量标准样应在样品孔的左、右两侧各点一个。

7. 盖上电泳槽盖,施加 1~5 V/cm 电压进行电泳(其中距离以阳极及阴极之间的测量距离为准)。电泳至溴酚蓝迁移到适当距离即可用紫外灯进行检测。

【注意事项】

1. EB 是较强的诱变剂,在配制、使用过程中不要接触皮肤。含 EB 的胶、缓冲液等用后应单独储存,不可随意倾倒、丢弃。

2. 点样量:应根据 DNA 样品浓度和样品孔的容积确定。一般宽度为 5 mm 的 DNA 条带用 EB 染色后的最小检出量为 2 ng。若单孔 DNA 上样量超过 500 ng 则会出现过载现象,造成条带拖尾、模糊不清。上样体积也不宜过大,应避免从加样孔溢出污染邻孔样品。

3. 电泳时间:电泳过程中可以随时关闭电源用紫外灯检测 DNA 条带是否分

开。达到实验要求后即可停止电泳，不必等待指示剂迁移至凝胶边缘。快速检测时，可将电压适当提高，将电泳时间控制在 30 min 以内。但高电压对大片段 DNA 的分离效果不好。

42.3　果蔬组织总 RNA 的提取

【实验原理】

　　植物组织中的 RNA 包括 rRNA、tRNA 和 mRNA。rRNA 是含量最丰富的，占植物总 RNA 量的 70%。tRNA 在细胞中的含量也比较丰富，占 15%。mRNA 的含量较低，其大小、序列各异，长度从几百到几千 bp 不等，是基因转录、加工后的产物，反映了植物组织在某一时间点上的基因转录情况。纯化完整的 RNA 是进行基因表达研究和从 cDNA 文库克隆新基因的基础。

　　因为核糖残基 2′和 3′位带有羟基，所以 RNA 比 DNA 的化学性质更活泼，易于被 RNA 酶所降解。RNA 酶是一种耐受性很强的酶，可抵抗长时间煮沸和温和变性剂，也不会因溶液中的金属螯合剂而失活。裂解后的植物细胞会释放出 RNA 酶，人的皮肤也含有大量 RNA 酶。实验中使用的玻璃器皿、缓冲液，甚至操作台面和浮沉中都可能含有 RNA 酶。目前尚无使 RNA 酶失活的简易办法。所以，实验的每一步操作都应注意避免被 RNA 酶所污染。试验用具中的玻璃和塑料都要用 0.01%焦碳酸二乙酯(DEPC)浸泡过夜，再高温高压灭菌，试验过程中勤换手套，尽量在冰上进行。

　　果蔬组织中富含酚类化合物、多糖等次级代谢产物，RNA 水解酶(RNase)。在完整的细胞内这些物质在空间上与核酸是分离的，但当组织被研磨、细胞破碎后，这些物质就会与 RNA 相互作用。酚类化合物被氧化后会与 RNA 不可逆地结合，导致 RNA 活性丧失及在用苯酚、氯仿抽提时 RNA 的丢失，或形成不溶性复合物；而多糖会形成难溶的胶状物，与 RNA 共沉淀下来；萜类化合物和 RNase 会分别造成 RNA 的化学降解和酶解，针对此类材料的 RNA 提取方法需要附加一些处理。

　　由于果蔬组织的特异性，没有一种抽提植物 RNA 的通用方法，目前常用的方法有：CTAB 法、SDS 法、异硫氰酸胍法、热硼酸盐法以及商业试剂盒 Trizol。鉴于 CTAB 法可以彻底除去果蔬组织中的糖类等物质，提取的 RNA 的完整性和纯度较好，所以下面介绍 CTAB 法。

【实验材料】

　　桃、油桃等果蔬。

【仪器设备及用品】

　　灭菌锅；通风橱；冷冻离心机；1.5 mL 离心管；恒温水浴；微量进样器及一

次性枪头；烘箱；分析天平；pH 计；一次性手套；预冷的研钵。

【试剂及配制】

1. 1 mol/L Tris pH=8.0：100 mL 中加 12.114 g Tris 碱，加 DEPC 处理过的水至 80 mL，用浓 HCl 调 pH 至 8.0。

2. 0.5 mol/L EDTA：50 mL 中加 9.3 g EDTA，加 NaOH 约 1 g，DEPC-H$_2$O 40 mL，调 pH=8.0，定容后加 50 μL DEPC-H$_2$O。EDTA 很难溶，可稍加热。

3. 10% SDS：50mL 中加入 5 g SDS，用 DEPC-H$_2$O 定容至 50 mL。SDS 很难溶，可稍加热。

4. 4 mol/L LiCl：每 200 mL 加 33.912 g 无水 LiCl，定容后加 200 μL DEPC 水，灭菌。

5. 3 mol/L NaAc：每 10 mL 加 4.0824 g NaAc 粉末。

6. CTAB 提取液：2% CTAB(m/V)，2% PP(m/V)，25 mmol/L EDTA，100 mmol/L Tris-HCl pH 8.0，2.0 mol/L NaCl，0.5 g/L spermidine(亚精胺)，灭菌后加入 2%(V/V)β-巯基乙醇(使用之前加入)。

7. SSTE Buffer：1.0 mol/L NaCl，0.5% SDS，10 mmol/L Tris-Cl pH 8.0，1 mmol/L EDTA。

8. 氯仿/异戊醇(24∶1，V/V)：将氯仿和异戊醇按体积 24∶1 的比例混匀，置于棕色瓶中，4℃保存。

9. 无水乙醇、70%乙醇。

10. 1∶500(体积比)DEPC 后定容，在通风橱中放置 2 h，高压灭菌 30 min。用同样方法处理一定量的双蒸水，用于清洗。含 Tris 的缓冲液用灭菌的双蒸水配置。

【实验步骤】

1. 65℃水浴中预热 15 mL CTAB 提取液(加入 300 μL β-巯基乙醇)。

2. 液氮中研磨 2~3 g 新鲜或–70℃冷冻的果肉样品。

3. 转移样品至有 CTAB 提取液的离心管中，立即激烈涡旋 30~60s，短时放回 65℃水浴中(4~5 min)。

4. 加入等体积的氯仿/异戊醇(24∶1)并涡旋混合，10 000 r/min 常温离心 15 min。沉淀蛋白质。

5. 将上清转移至一新离心管，重复抽提一次。沉淀蛋白质

6. 将上清转移至一新离心管中，加入等体积的 4 mol/L LiCl，使 LiCl 的终浓度为 2 mol/L，4℃下沉淀过夜(<16h)。

7. 4℃，15 000 r/min 离心 1 h 沉淀 RNA，弃上清去除 DNA，用 500 μL 70% 乙醇洗沉淀去除杂质，然后用 500 μL 100%乙醇洗沉淀。

8. 用 500 μL SSTE 溶解沉淀(RNA)，转移至 1.5 mL 离心管中，加入等体积

的氯仿/异戊醇去除蛋白质杂质抽提一次。

9. 加入 1/10 体积的 NaAc，2×体积的无水乙醇，在−70℃沉淀 30 min 或−20℃沉淀 2 h。

10. 4℃，15 000 r/min 离心 20 min 沉淀 RNA（全速）。

11. 先用 400 μL 70%乙醇洗沉淀，然后用 400 μL 100%乙醇洗沉淀，干燥后用 65 μL DEPC 水溶解 RNA。

42.4　电泳检测 RNA

1. 配制

2%的琼脂糖凝胶（20 mL）：称取琼脂糖 0.24 g，加 DEPC 处理的 ddH_2O 12.04 mL，5×RNA 电泳缓冲液 4 mL，电炉加热融化琼脂糖，冷却至 55℃，加入甲醛 1.96 mL，冷却后倒胶。

2. RNA 电泳

取去离子甲酰胺 10 μL，甲醛 1.5 μL，10×RNA Buffer 2 μL，RNA（2~4 μg，<10 μL）混合液，65℃加热 15 min，迅速在冰浴中冷却片刻，然后加入 3 μL RNA 加样缓冲液和 0.5 μL EB，上样电泳。电泳 Buffer 为 1× RNA Buffer。

出现的电泳条带有两条，是两条最大的核糖体 RNA（rRNA）分子，即 18S 和 28S rRNA，较小的 RNA 也很丰富但看不到，因为太小，跑出了凝胶的边界。多数细胞中的信使 RNA（mRNA）经 EB 染色后不足以形成可见的带。只要 18S 和 28S rRNA 带亮，且 28S rRNA 大约为 18S rRNA 的 2 倍，说明提取的 RNA 没有发生降解，纯度好。

42.5　提取的 RNA 的浓度检测

1. 取少量待测 RNA 样品，用 TE 或蒸馏水稀释 50 倍（或 100 倍）。

2. 用 TE 或蒸馏水做空白，在 260 nm、280 nm、310 nm 处调节紫外分光光度计的读数至零。

3. 加入待测 RNA 样品在三个波长处读取 OD 值。

4. 纯 RNA 样品的 OD_{260}/OD_{280} 为 1.7~2.0，OD_{260}/OD_{230} 应大于 2.0。

5. 根据 OD 值计算 RNA 浓度或纯度。

$$[SSRNA]=40\times(OD_{260}-OD_{310})\times 稀释倍数$$

【注意事项】

1. 所有药品均用 DEPC-H_2O 配置。

2. EDTA、SDS、CTAB、SSTE 均较难溶，可稍微加热。

3. RNA 出现降解可能是由于操作过程中温度太高或 RNase 的存在；试验过程中所用器皿要避免 RNase 的存在，整个操作过程中应在低温(4℃)或冰上进行，始终戴手套。

4. OD_{260}/OD_{280} 值偏低可能是由于蛋白质含量过高。可向 RNA 样品中加入等体积的苯酚/氯仿(1∶1)重新抽提一次。这样会损失部分 RNA 样品。

5. OD_{260}/OD_{230} 值偏低可能是异硫氰酸胍等分子造成污染。可向 RNA 样品中加入 1/10 体积的 2 mol/L NaAc (pH=4.0)，然后加入等体积的异丙醇，在-20℃条件下放置 30 min。

第三部分　果蔬加工工艺实验

实验 43 果蔬加工过程中的颜色控制

在果蔬加工中尽量保持果蔬原有的色泽，是果蔬加工的目标之一。但是，原料中所含的各种化学物质，在加工环境条件不同时，会产生各种不同的化学反应而引起产品色泽的变化，甚至使色泽劣变。通过实验了解新鲜果蔬褐变、褪绿等易发生色泽变化的原因及控制变色的方法。

43.1 果蔬褐变及控制

【实验目的】

1. 通过实验现象的观察，了解各类褐变现象；
2. 通过观察比较，掌握影响各类褐变的因素及控制褐变的方法。

【实验原理】

新鲜果蔬在加工过程中产生的损伤，易使果蔬原有的色泽变暗或变为褐色，这种现象称为褐变。果蔬食品的褐变，不仅影响外观、质地，而且严重影响其风味和营养价值，成为制约果蔬加工业发展的常见质量问题。褐变可分为两大类：一类是氧化酶催化下的多酚类物质的氧化和抗坏血酸氧化，称为酶促褐变；另一类如美拉德反应、焦糖化作用、抗坏血酸反应等产生的褐变没有酶的参与，称为非酶褐变。酶促褐变是果蔬加工中最常发生的褐变。

酶促褐变多发生在较浅色的水果和蔬菜中，如苹果、香蕉、杏、樱桃、葡萄、梨、桃、草莓和马铃薯等，在组织损伤、削皮、切开时，细胞膜破裂，相应的酚类底物与酶接触，在有氧情况下，发生酶促褐变。催化酶促褐变的酶类主要为多酚氧化酶(PPO)和过氧化物酶(POD)。含有多酚类的果蔬在多酚氧化酶的催化下，首先氧化成邻醌；然后邻醌或未氧化的邻二酚在酚羟基酶催化下进行二次羟基化作用，生成三羟基化合物；邻醌再将三羟基化合物氧化成羟基醌；羟基醌易聚合而生成黑色素。

酶促褐变可以通过热烫、化学试剂处理的方法进行控制。高温可以促使氧化的酶类(PPO、POD)丧失活性，因而生产中常常利用热烫防止酶褐变。一些化学试剂可以降低介质中的 pH 和减少溶解氧，起到抑制氧化酶类活性的作用，防止或减少变色。

【实验材料】

苹果、马铃薯。

【仪器设备及用品】

小刀、恒温水浴、电炉、表面皿、温度计、烧杯、电子天平。

【试剂药品】

1.5% 的愈创木酚，3%的过氧化氢，5%的维生素 C ，5%的过氧化氢，5%的 NaCl ，5%的柠檬酸，5%的亚硫酸氢钠，1%的植酸，1%的邻苯二酚，1.5%的愈创木酚。

【实验步骤】

1. 观察酶褐变的色泽

(1) 马铃薯人工去皮，切成 3 mm 厚的圆片，置于表面皿上。在切面上滴 2~3 滴 1.5%的愈创木酚，再滴 2~3 滴 3%的过氧化氢，由于马铃薯中过氧化物酶的存在，愈创木酚与过氧化氢经酶的作用，脱氧而产生褐色的络合物。

(2) 苹果人工去皮，切成 3 mm 厚的圆片，置于表面皿上。滴 1%的邻苯二酚 2~3 滴，由于多酚氧化酶的存在，而使原料变成褐色或深褐色的络合物。

2. 防止酶褐变

(1) 热烫

将 3 mm 厚的马铃薯片投入沸水中，待再次沸腾计时，每隔 1 min 取出一片马铃薯，置于表面皿上。在热汤后的切面上分别滴 2~3 滴 1.5%的愈创木酚和 3%的过氧化氢，观察其变色的速度和程度，直到不变色为止。

(2) 化学试剂处理

此部分实验可由每组学生独立自主设计，根据查找的资料，每组选择一种化学试剂(维生素 C，过氧化氢，NaCl，柠檬酸，亚硫酸氢钠，植酸)，配制 5 个不同浓度梯度的化学试剂。

将切片的苹果取 7 片分别投入到清水、5 个不同浓度梯度的化学试剂中护色 20 min，取出沥干，观察并记录其色泽变化(也可应用色差仪测定其颜色变化)。以暴露在空气中的作为对照。各组学生分别观察自己组别的试剂处理效果，并与其他组别选择的试剂做比较，发现不同防褐变试剂的作用效果差异。

43.2　蘑菇的护色实验

【实验目的】

通过实验观察，进一步了解果蔬褐变现象及其控制方法。

【材料与工具】

蘑菇，焦亚硫酸钠，氯化钠，电炉，锅。

【工艺流程】

原料→护色→漂洗→沥干、冷却→37℃保温→感官评价。

【工艺步骤】

1. 原料：蘑菇应菌伞完整、无开伞、颜色洁白、无褐变及斑点。

2. 护色：采用不同的护色剂护色。

A：取 10 g 左右原料，放在玻璃杯中，摇动玻璃杯时蘑菇受到一定的机械撞击，以使其出现轻重不等的机械伤，放置于空气中 1 h 后，再在 1000 mg/kg 焦亚硫酸钠溶液中浸泡 2 min。

B：取 10 g 原料立即浸入清水中放置 30 min。

C：取 10 g 原料，立即浸入 300 mg/kg 焦亚硫酸钠中，30 min。

D：取 10 g 原料，立即浸入 0.8% 的氯化钠水中，30 min。

E：取 10 g 原料，立即浸入 500 mg/kg 焦亚硫酸钠中，2 min。

3. 漂洗：上述 5 种护色后原料以流动水漂洗 30 min。

4. 预煮：预煮时，菇：水=2：3，水中加入 0.1% 柠檬酸，在 95~98℃ 的条件下预煮 5~8 min，煮后以流动水漂洗 30 min。

【产品检验】

将上述待测品 A、B、C、D、E 在 37℃ 下保温 1~3 天，从蘑菇的颜色角度对护色效果做感官的评价，比较得出最佳的护色方法。

43.3　叶绿素变化及护绿

【实验目的】

1. 了解果蔬加工过程中的叶绿素变化现象；

2. 通过观察比较，了解护绿原理，掌握不同的护绿方法。

【实验原理】

叶绿素是绿色果蔬呈色的主要物质。在果蔬加工过程中，对叶绿素的保护是提高果蔬品质的重要措施之一。但是，果蔬的呈绿物质——蓝绿色与黄绿色叶绿素 a、b，是一种不稳定的物质，不耐光、热、酸等，不溶于水，易溶于碱、乙醇与乙醚，在碱性溶液中，皂化为叶绿素碱盐。果蔬中的叶绿素是与脂蛋白结合的，脂蛋白能保护叶绿素免受其体内存在的有机酸的破坏。叶绿素 a 的四吡咯结构中镁原子的存在使之呈绿色，但在酸性介质中很不稳定，变为脱镁叶绿素，外观由绿色转变为褐绿色，特别是受热时，脂蛋白凝固而失去对绿色的保护作用，继而与果蔬体内释放的有机酸作用，使叶绿素脱镁。

研究发现，遇酸脱镁的叶绿素在适宜的酸性条件下，用铜、锌、铁等离子取代结构中的镁原子，不仅能保持或恢复绿色，且取代后生成的叶绿素对酸、光、热的稳定性相对增强，从而达到护绿目的。

【实验材料】

芹菜、莴笋叶、小白菜等富含叶绿素的蔬菜。

【仪器设备及用品】

小刀，恒温水浴，电炉，表面皿，温度计，烧杯，电子天平。

【试剂药品】

0.5% $NaHCO_3$，0.1% HCl，0.05% $Zn(Ac)_2$。

【实验步骤】

1. 将洗净的原料各数条分别在 0.5% $NaHCO_3$、0.1% HCl、0.05% $Zn(Ac)_2$ 溶液中浸泡 30 min，捞出沥干明水。

2. 将经以上处理的原料放入沸水中处理 2~3 min，取出立即在冷水中冷却，沥干明水。

3. 将洗净的新鲜蔬菜要沸水中烫 2~3 min，捞出立即冷却，沥干明水。

4. 取洗净的新鲜蔬菜 4 或 5 条。

5. 将以上 1、2、3、4 处理的材料放入 55~60℃烘箱中恒温干燥，观察不同处理产品的颜色。

【思考题】

1. 果蔬褐变或褪绿等变色现象的原理是什么？

2. 不同的护色方法与条件对苹果、马铃薯和蘑菇的护色效果有何区别？

实验 44　果蔬罐头的制作

果蔬罐藏是将新鲜果蔬预处理后，经过装罐、加热排气、密封、杀菌等一系列加工工序而进行保藏的一种加工方法。通过本实验了解果蔬罐头的种类及发展状况，了解果蔬罐藏的基本原理和罐头加工工艺上的变革，掌握果蔬制作罐头时的一般工艺方法和一些特性，并掌握罐头成品外观及物理指标检验的方法，由此对进一步提高罐头品质提出自己的设想和措施。

44.1　全去囊衣糖水橘子罐头的制作

【实验目的】

1. 通过实验了解影响糖水水果罐头质量的因素及其控制途径；
2. 通过实验加深理解水果类酸性食品的罐藏原理；
3. 通过实验掌握糖水橘子罐头加工工艺。

【实验材料与试剂】

柑橘，白砂糖，盐酸，氢氧化钠，柠檬酸，酚酞等。

【仪器设备及用品】

不锈钢盘及锅，高压杀菌锅，电炉，阿贝折光仪，电子天平，剪刀，量筒，烧杯，玻璃棒，盆，玻璃罐，圆筛。

【工艺流程】

原料验收→热烫→去皮、去络→分瓣、选瓣→去囊衣→漂洗→整理→漂洗、检查→装罐、注液→排气、密封→杀菌→冷却→成品。

【工艺步骤】

1. 原料验收

称取柑橘原料 3 kg，要求果形扁圆，大小整齐，色泽均一，无畸形无虫斑，不腐烂；皮薄，易剥皮，去络和分瓣容易；果肉紧密，囊衣薄，少核或无核，糖酸比适宜，橘皮苷含量低，香味浓郁；耐贮藏，成熟度适宜。

糖酸比的测定参照本书第一部分糖酸比实验进行。

2. 热烫

95~100℃水中浸烫 25~45 s。

3. 去皮、去络及分瓣、选瓣

趁热剥去橘皮、橘络，并按大、小瓣分放。

4. 去囊衣（酸碱处理法）

先将橘瓣浸入 0.5%~0.8%盐酸浸 30~40 min（25~35℃），取出，用清水洗 2 或 3 次，洗去酸液，滤干；橘片与酸液之比为 1：1.3。处理时不停轻微搅动，再将酸处理后的橘瓣浸入 0.3%~0.5%的氢氧化钠溶液中，在 25~35℃浸泡 8~12 min，使绝大部分囊衣已溶去，迅速取出用清水洗 3 或 4 次，洗净碱液，以不太滑手为度。

5. 漂洗

将去囊衣的橘片用清水洗 1~2 h，其间每隔 15~20 min 换水一次，务必洗净残留碱液，以橘片不滑手为度。

6. 整理

用镊子逐瓣去除囊瓣中心部残留的囊衣、橘络和橘核等，用清水漂洗后再放在盘中进行透视检查。

7. 漂洗、检查

将去核后的橘瓣漂洗后分批检查，剔除断瓣、软烂和过薄的橘瓣。

8. 装罐、注液

将空玻璃罐与罐盖洗净，沸水杀菌 8 min，倒置沥干；将橘瓣按所占罐内容物总重量的 68%比例装罐，再加入 32%的糖液，若原料含酸量在 0.9%以上则不加柠檬酸，含酸量在 0.8%左右则加柠檬酸 0.1%（占糖水量），含酸量 0.7%则加 0.2%柠檬酸。糖液浓度 30%，将水煮沸后加白砂糖过滤，加热，温度不低于 95℃，趁热装入罐内。装罐后需留 0.6~0.8 cm 的顶隙。趁热密封罐口，封罐时罐内温度不得低于 75℃。此为热罐装密封法。

9. 排气、密封

热排气采用罐中心温度装罐时糖液温度不低于 95℃，趁热装罐，称重，并留顶隙 0.5 cm，趁热密封罐口。密封时罐内温度不低于 75℃。封罐后检查封罐质量。

10. 杀菌、冷却

密封后的罐头应尽快杀菌。杀菌式：10′18′10′/100℃。10′18′10′表示升温 10 min，100℃恒温 18 min，降温 10 min。先将锅内水加热至沸，放入密封的罐头。当水再次沸腾，开始计时，维持 18 min，然后开始冷却。

杀菌后应迅速冷却。注意冷却初期，罐头温度高，若冷却水温差超过 50℃以上，极易破裂，所以初期应缓慢冷却。可在杀菌锅内，沿锅壁缓慢注入冷水（冷水不能直接淋到罐头上），让杀菌锅内温度缓慢降低。当罐头温度逐步下降后，再加大冷水进入量，让罐头温度迅速降低。罐头温度降到 40℃后停止。

【产品检验】

1. 感官评定标准（表 44-1）

表 44-1　橘子罐头感官评定表

项目	优级品	一级品	合格品
色泽	囊胞呈现金黄色至橙黄色，汤汁清	囊胞呈现橙黄色至黄色，汤汁较清	囊胞呈现黄色，汤汁清，允许有少量白色沉淀
滋味与气味	具有橘子囊胞罐头应有的良好风味，无异味	具有橘子囊胞罐头应有的风味，无异味	具有橘子囊胞罐头应有的风味，无异味
组织·形态	囊胞饱满，颗粒分明；橘核质量不超过固形物的 1%，破囊胞和瘪子质量不超过固形物的 10%	囊胞较饱满，颗粒较分明；橘核质量不超过固形物的 2%，破囊胞和瘪子质量不超过固形物的 20%	囊胞尚饱满，颗粒尚分明；橘核质量不超过固形物的 3%，破囊胞和瘪子质量不超过固形物的 30%

2. 固形物的质量分数测定

开罐后，将内容物倾倒在预先称重的圆筛上，不搅动产品，倾斜筛子，沥干 2 min 后，将圆筛和沥干物一并称重。按照下式计算固形物的质量分数。

$$W(\text{固定物}) = \left[\frac{m_2 - m_1}{m}\right] \times 100\%$$

式中，$W(\text{固形物})$ 为固形物的质量分数(%)；m_2 为果肉沥干物与圆筛的质量；m_1 为圆筛的质量(g)；m 为罐头标明净重(g)。

44.2　清水花椰菜罐头的制作

【实验目的】

1. 通过实验加深理解蔬菜罐藏机理；
2. 通过实验了解蔬菜罐头和水果罐头加工工艺的不同点；
3. 通过实验掌握清渍类蔬菜罐头的加工工艺。

【实验材料】

花椰菜，食盐(含量 99% 以上)，柠檬酸(纯度在 99% 以上，无异味)，明矾(为含有结晶水的硫酸钾和硫酸铝的复盐，有酸涩味，溶于水)。

【仪器设备及用品】

小刀或菜刀，菜板，铝锅，漏勺，罐头瓶，盆，电炉，温度计，天平，波美比重计，量筒。

【工艺流程】

原料验收→预处理→浸盐水→预煮→浸泡→分选、装罐→排气、密封→杀菌、冷却→保温→成品。

【工艺步骤】

1. 原料验收

要求选择花球雪白，坚实而厚，质地柔嫩，品质好，无病虫害、深黄及黑斑点的原料。整装时花球为圆球形，直径 130~150 mm，球重 450~550 g。朵装每朵小球完整无松散。

2. 预处理

选择合格的原料去叶及散花朵，用小刀刮去花柄粗皮斑点，保留柄长不超过2 cm。用流动清水清洗，朵装应分成小球，小球大小一致。

3. 浸盐水

整理好的花椰菜用 3%的盐水浸泡 30 min（朵装浸 5~10 min），驱虫及护色。盐水：原料= 2：1。原料浸后用清水洗去残留液。

4. 预煮

用 1%~1.2 %的柠檬酸液（朵装用 0.1%柠檬酸液）预煮，预煮温度 80~85℃，时间 10~12 min（朵装 2~5 min）。捞出迅速用清水冷却。

5. 浸泡

用 0.3%明矾液浸泡 1 h（朵装浸泡 20 min），捞出用流动水漂洗 2 min（朵装 1 min），浸泡液与原料比为 2：1。

6. 分选、装罐

空罐（玻璃瓶）先用沸水杀菌。

整装：花球完整、白色、组织致密，每只重不少于 470 g。朵装：小球完整、不松散，色白。可按朵形大小分别装罐，使罐内朵形较一致。装好后加入 1%的沸腾食盐水，汤汁加满。

装罐量（m/m）：整装不低于 54%，朵装不低于 58%。

7. 排气、密封

加满汤汁的罐内中心温度应为 80~85℃，温度不足应补充加热。旋紧玻璃瓶盖，密封后迅速杀菌。

8. 杀菌、冷却

采用沸水间隙杀菌 3 次，每次为 30 min/100℃。

【产品检验】

1. 感观评定标准（表 44-2）

表 44-2 清水花椰菜感官评定表

指标名称	规格
色泽	花呈乳白色或微黄色，汤汁较透明，允许少量碎屑存在
滋味及气味	具有花菜应有的滋味和气味，无异味

指标名称	规格
组织形态	组织软硬适度，无粗硬及煮烂现象，具体要求： 整装，花球基本保持完整，每罐一个，允许添称小朵不超过 2 块； 瓣装，2 块花球瓣合并装一罐，允许添称小朵不超过 2 块； 朵装，小花朵大小一致，花朵完整，装罐整齐

2. 理化检验指标

氯化钠的测定：将冷却后的盐水注入 250 mL 量筒中，用波美比重计测量，按表 44-3 查出氯化钠含量。

表 44-3 食盐溶液的浓度的密度与浓度的关系

密度/(g/cm³)	波美/Bé	氯化钠/%	密度/(g/cm³)	波美/Bé	氯化钠/%
$d_{4°}^{20°}$			$d_{4°}^{20°}$		
1.0053	0.8	1	1.1009	13.3	14
1.0125	1.8	2	1.1085	14.2	15
1.0196	2.8	3	1.1162	15.1	16
1.0268	3.8	4	1.1241	16.0	17
1.0340	4.8	5	1.1319	16.9	18
1.0413	5.8	6	1.1398	17.8	19
1.0486	6.8	7	1.1478	18.7	20
1.0569	7.7	8	1.1559	19.5	21
1.0663	8.7	9	1.1640	20.4	22
1.0707	9.6	10	1.1722	21.3	23
1.0789	10.6	11	1.1804	22.2	24
1.0857	11.5	12	1.1888	23.0	25
1.0933	12.4	13	1.1972	23.9	26

内含物：整装和瓣装不低于 54%，朵装不低于 58%。

【思考题】

1. 橘子加工过程中去囊衣的方法有哪些？
2. 简述糖水橘子罐头白色沉淀的产生原因及其防止措施。
3. 简述蔬菜类罐头胀罐的产生原因及其防止措施。
4. 对所做产品进行品质评价。

实验 45　果蔬汁饮料的制作

果汁饮料的生产是采用压榨、浸提、离心等物理方法，破碎果实制取果汁，再加入食糖和食用酸味剂等混合调整后，经过脱气、均质、杀菌及灌装等加工工艺，脱去氧、钝化酶、杀灭微生物等，制成符合相关产品标准的果汁饮料。加工后的果汁经消毒密封后可较长时间保存，另外果品制作果汁后，重量和体积都大为减少，且易于储运，是果品保藏的一种特殊形式。

45.1　苹果汁的加工

【实验目的】

通过实验，掌握苹果汁饮料的加工工艺。

【实验材料】

新鲜苹果，蔗糖，藻酸丙二醇酯等稳定剂，酸味剂，抗氧化剂，食用香精，食用色素等。

【仪器设备及用品】

不锈钢果实破碎机，离心榨汁机，不锈钢刀，离心机，胶体磨，脱气机，高压均质机，超高温瞬时灭菌机，压盖机，不锈钢配料罐，不锈钢锅，糖度计，玻璃瓶，皇冠盖，温度计，烧杯，台秤，天平等。

【工艺流程】

苹果→清洗→取汁→过滤、离心→调配→脱气→均质→杀菌→热灌装→压盖→冷却→成品。

【工艺步骤】

1. 果实选择及清洗

选用新鲜、无病虫害及生理病害、无严重机械伤、成熟度八至九成的果实，以清水洗净果表污物。

2. 取汁

采用不锈钢刀将苹果切分，切分后的果块立即放入 0.1%柠檬酸水溶液中护色，然后采用离心榨汁机取汁。也可通过不锈钢果实破碎机，先将果实破碎，然后采用打浆离心机取汁。

3. 过滤、离心

用 60~80 目的滤筛或滤布过滤，除去渣质，收集果汁；然后采用离心榨汁机将果汁与其他成分分离，收集清汁。

4. 调配

苹果汁配方是：苹果原果汁 40%~50%，蔗糖 10%~12%，稳定剂 0.10%~0.30%，酸味剂 0.2%~0.8%，食用色素及食用香精少许。按照此配方，加入甜味剂、酸味剂及稳定剂等，在配料罐中搅拌混合均匀。甜味剂、酸味剂等必须先行溶解、过滤备用。

5. 脱气

将果汁泵入不锈钢真空脱气罐进行脱气。脱气时，果汁温度控制在 30~40℃，脱气真空度为 55~65 kPa。

6. 均质

采用高压均质机对已经脱气的果汁进行均质，均质压力为 18~20 MPa。

7. 杀菌

果汁饮料在一般条件下的杀菌条件为 2~3 min/100℃。若采用超高温瞬时灭菌机进行杀菌，则杀菌温度为 115~135℃，杀菌时间为 3~5 s。

8. 灌装、压盖

一般条件下杀菌后的果汁立即灌入饮料玻璃瓶或耐高温饮料塑料中，压盖密封或旋紧盖子。瓶子和盖子必须事前清洗消毒。瞬时灭菌条件下杀菌的果汁，在无菌条件下灌装密封。

9. 冷却

经一般条件下杀菌的果汁，装瓶后分段冷却至室温，即为成品。

【产品检验】

1. 感官质量

色泽：具有原料果实或食用色素特有的色泽。

滋味及气味：具有原料果实的香味和气味。

组织状态：饮料体系呈半透明，允许少量果肉沉淀。

2. 品评方法

采用一般感官评定法及模糊综合评判法，进行果汁饮料成品品质的评定。

45.2　鲜橘汁的制作

【实验目的】

通过实验，掌握鲜橘汁饮料的加工工艺。

【实验材料】

水果原料(橘子)20 kg、白砂糖 10 kg、柠檬酸 5 g。

【仪器设备及用品】

一套饮料生产线：包括榨汁机、胶体膜、配料罐、双链过滤器、脱气机、均汁机和杀菌剂、无菌罐装等设备。

【工艺流程】

原料验收→选果分级→洗果→热浸→除皮、核→压汁→调配→均质→过滤→脱气→杀菌→罐装→成品。

【工艺步骤】

1. 原辅料要求：橘子要新鲜、成熟、无霉变。

2. 选果分级：剔除不良果，按大小分级。

3. 洗果：清洗干净、再用 0.08%高锰酸钾溶液消毒 4~5 min，再冲净。

4. 热浸：80℃以上热水中热浸 2 min，以易剥去皮为准。

5. 除皮：剥去橘皮、去除果核(去皮、经络等)避免榨汁时将果核压破，使果汁带苦味。

6. 榨汁。

7. 榨汁后果胶体磨。

8. 调配：可溶性固形物含量 10%~11%，pH=4.0，所加的柠檬酸可先配成浓度为10%的溶液，白砂糖配成浓度为50%的糖浆，过滤后备用。

9. 均质：均质压力 40 MPa，时间 5~8 min。之后用双联过滤器过滤。使用超声波脱气机脱气 5 min。

10. 杀菌：超高温瞬时杀菌机，130℃ 3~5 s，果汁出口温度仅为30℃左右。

11. 灌装：超净工作台内无菌灌装。

【产品检验】

1. 感官指标

色泽：呈橙黄色或淡黄色。

滋味及气味：具有鲜柑橘应有的风味，酸甜适口，无异味。

组织形态：汁液均匀混浊，静置后允许有沉淀，但经摇动后仍呈原有的均匀混浊状态，杂质不允许存在。

2. 理化指标

净重：170 g，每罐允许公差±3%，但每批平均不低于净重。可溶性固形物(按折光计)11%~15%。总酸度(以柠檬酸计)：0.8%~1.3%。原果汁含量：不低于80%。

3. 微生物指标

无致病菌及因微生物作用引起的腐败现象。

45.3　澄清葡萄原汁的加工

【实验目的】

通过实验，掌握澄清葡萄汁饮料的加工工艺。

【实验材料】

葡萄、果胶酶(或 0.1%的澄清剂，如乳酸钙)。

【仪器设备及用品】

破碎机，夹层锅，压榨机，漏斗，温度计，糖量仪，瓷盆，封盖机，杀菌锅。

【工艺流程】

选料→清洗→除梗→破碎→提取色素(65℃/15 min)→榨汁→澄清、过滤→灌装压盖→杀菌、冷却→成品。

【工艺步骤】

1. 原料处理

选红色或紫色品种葡萄，充分成熟无腐烂，洗净，去除枝梗及杂质部分。

2. 破碎、提色

用破碎机(或手工)破碎，使果肉变成泥浆状，将破碎的果浆倒入夹层锅中，经 65℃/15 min 或 70℃/5 min 热处理，其间搅动果浆 3~5 次，以使果皮中的色素物质易于溶解出来。

3. 榨汁

先用干净滤布预排汁，通常可得到 30%~40%的葡萄原汁，再将葡萄浆置于压榨机上榨汁。实验中原料小时可进行手工挤汁。

4. 澄清、过滤

将果汁加热至 80℃，倒入预先杀好菌的容器中，密封贮藏于约 0℃的冷柜中，使果汁澄清再过滤。在制作透明果汁时，加 0.1%的澄清剂(乳酸钙)，在果汁澄清前加入，使其完全溶解，澄清时间(一个星期至两个月)视澄清情况而定，或加果胶酶处理(50℃/1 h)，然后过滤。

5. 灌装、压盖

先将玻璃瓶消毒，再灌装、压盖。

6. 杀菌、冷却

封好的玻璃瓶置于杀菌锅中杀菌(85℃/15 min)，再分段冷却，至 30℃时擦干外表，贴上标鉴。

【产品检验】

1. 色泽：是否具有果汁原有的颜色

2. 芳香：是否具有原果实的芳香。

3. 口味：是否酸甜可口，是否有其他异味。

4. 透明：是否透明，有无沉淀。

5. 混浊度(混浊汁)：悬浮粒是否细腻均匀。

【思考题】

1. 澄清汁与混浊汁、浓缩汁在加工工艺上有何不同？

2. 果汁澄清有哪些方法？

3. 影响果汁饮料风味、色泽的因素有哪些？怎样控制这些因素来生产高质量的果汁饮料？

4. 均质压力与时间对果汁稳定性的影响如何？

5. 整个生产过程中如何控制产品达到无菌？

6. 不同种类的稳定剂及其添加量，对果汁饮料的品质有何影响？

实验 46 果蔬糖制品的制作

果脯蜜饯等糖制品是以食糖的保藏作用为基础的，其中含糖量须达到一定的高浓度。保藏作用主要表现在：①高浓度和糖液产生高渗透压，使微生物产生质壁分离，从而抑制其生长发育；②高浓度的糖液降低糖制品的水分活度，抑制微生物的活动；③糖液浓度越高，溶液及食品中含氧量越低，可抑制好氧微生物的活动，也有利于制品的色泽、风味及营养成分的保存。

果酱是果肉加糖和酸煮制成具有较好的凝胶态、不需要保持果实或果块原来的形状的糖制品。其制作原理是利用果实中亲水性的果胶物质，在一定条件下与糖和酸结合，形成"果胶-糖-酸"凝胶。凝胶的强度与糖含量、酸含量以及果胶物质的形态和含量等有关。本实验通过几种果脯蜜饯、果酱的制作掌握果品的加工方法、原理和工艺流程，了解糖的性质及原料的特征与糖制技术之间的联系。

46.1 苹果果脯的加工

【材料及用具】

1. 实验原辅料：苹果，食糖，氯化钙，亚硫酸氢钠等。
2. 实验器具用品：削皮刀，挖核器，不锈钢锅(或铝锅)，温度计，糖量仪，烘箱，量筒，勺，台称。

【工艺流程】

原料选择→去皮、切分、去心→硫处理和硬化→糖煮→糖渍→烘干→包装→成品。

【工艺步骤】

1. 原料选择

选用果形圆整、果心小、肉质疏松和成熟度适宜的原料，如富士、国光、红玉等。

2. 去皮、切分、去心

用手工或机械去皮后，挖去损伤部分，将苹果对半纵切，再用挖核器挖掉果心。

3. 护色和硬化

将果块放入 0.1%氯化钙和 0.2%~0.3%亚硫酸氢钠混合液中浸泡 4~8 h，进行硬化和硫处理。肉质较硬的品种只需硫处理。浸泡后捞出，用清水漂洗 2 或 3 次备用。

4. 糖煮

在不锈钢锅内配成 40%的糖液 25 kg，加热煮沸，倒入果块 30 kg，以旺火煮沸后，再添加上次浸渍后剩余的糖液 5 kg，重新煮沸。如此反复进行 3 次，需要 30~40 min。此时果肉软而不烂，并随糖液的沸腾而膨胀，表面出现小裂纹。此后每隔 5 min 加砂糖 1 次。第 1、第 2 次分别加糖 5 kg，第 3、第 4 次分别加糖 5.5 kg，第 5 次加糖 6 kg，第 6 次加糖 7 kg，煮沸 20 min，全部糖煮时间需 1~1.5 h，待果块呈现透明时，即可出锅。

5. 糖渍

趁热起锅，将果块连同糖液倒入缸中浸渍 24~48 h。

6. 烘干

将果块捞出，沥干糖液，摆放在烘盘上，送入烘房，在 60~65℃下干燥至不粘手为宜，大约需要烘烤 24 h 左右。

7. 整形包装

根据成品要求分级整理，将不合格及碎片剔除，将产品合理整形，使其整齐美观，然后可单块用透明玻璃纸包装，再装入衬有防潮纸的箱中储运。

【产品检验】

浅黄色至金黄色，具有透明感；呈碗状或块状，有弹性，不返砂，不流糖；甜酸适度，具有原果风味。总糖含量 65%~70%；含水量 18%~20%。

46.2　香蕉果酱的制作

【实验材料】

香蕉，水，白砂糖，柠檬酸，果胶。配料比例为 100 香蕉 : 30 水 : 100 白砂糖 : 0.1 柠檬酸 : 0.1 果胶。

【仪器设备与用具】

打浆机，夹层锅，酸度计，糖量仪，灌装机，水浴锅，玻璃瓶等。

【工艺流程】

原料→清洗→去皮→护色→打浆→煮制浓缩→装瓶→封口→杀菌→冷却。

【工艺步骤】

1. 原料

选用充分成熟(但不过熟)、风味色泽好、无病虫的果实。

2. 清洗

将果实用清水漂洗干净，并除去果皮。

3. 护色

将去皮后的果肉放入 1%食盐水中护色。

4. 打浆

将香蕉果肉用筛板孔径为 0.8~1.0 mm 的打浆机进行 1 或 2 次打浆，即得香蕉果泥。

5. 煮制、浓缩

按香蕉果泥：白砂糖(1:1)的比例，先将白砂糖配成 75%的糖液，过滤备用。然后将糖液与香蕉泥混合入夹层锅进行浓缩。浓缩过程中需不断地搅拌。浓缩终点可以根据以下情况判断：酱体可溶性固形物达到 60%~65%(高浓度果酱为70%~75%)，或终点温度为 105~107℃时，即可结束煮制浓缩。如果果酱酸度不够，可在临出锅前加些柠檬酸进行调整，产品的 pH 控制在 2.8~3.0。

6. 装瓶、密封

装瓶时酱体温度保持在 85℃以上趁热装瓶，装瓶不可过满，留顶隙 3 mm 左右为宜。装瓶后立即封口、倒放，并检查封口是否严密，瓶口若黏附有果酱，需用灭菌的白布擦净，避免储存期间瓶口发霉。若采用酱体灌装机，设备管道等必须经过严格消毒灭菌。

7. 杀菌、冷却

将装满果酱的瓶子迅速在水浴中升温至 100℃，保温 20 min 进行杀菌。杀菌后，分别在 65℃、45℃和常温水中分段冷却至 37℃以下，以迅速降低酱体温度。冷却后，擦干瓶外水珠。

如果装果酱的瓶子、瓶盖等已经过严格消毒，香蕉果酱的糖分又不低于 65%，装瓶时的酱体温度不低于 85℃，则装瓶后可不必杀菌。

【产品检验】

1. 感官指标

色泽：酱体呈金黄色、黄色或红黄色。

组织状态：均匀一致，酱体呈胶黏状，不流散，不析水，无砂糖晶析。无杂质。

风味：具有香蕉果酱应有的酸甜风味，无异味。

2. 理化指标

总糖含量不低于 60%，可溶性固形物 68%~75%，铜≤10 mg/kg，铅≤2 mg/kg，锡≤200 mg/kg。

3. 微生物指标

大肠菌群近似值≤6 个/100g。

菌群总数≤100 个/g。

致病菌不得检出。

46.3　芒果果酱的制作

【实验材料】

芒果，水，白砂糖，柠檬酸，果胶。配料比例：100 芒果∶30 水∶100 白砂糖∶0.1 柠檬酸∶0.1 果胶。

【仪器设备与用具】

不锈钢刀，打浆机，糖量仪，蒸煮锅，玻璃瓶，灌装机，水浴锅等。

【工艺流程】

原料→去皮、去核→护色→打浆→煮制浓缩→装瓶→封口→杀菌→冷却。

【工艺步骤】

1. 原料

选用新鲜、七至八成熟、风味良好、无虫、无病的果实，或罐头加工中的新鲜碎果块。

2. 去皮、去核、护色

用不锈钢刀手工将芒果去皮、去核，然后用 1%食盐水护色。

3. 打浆

用筛孔打浆机打浆，获得芒果浆，同时去除粗纤维。

4. 煮制

按配方在芒果浆中分次加入白砂糖煮制、浓缩。也可先将白砂糖配成 75%的浓糖浆煮沸过滤备用。当煮制、浓缩至酱体可溶性固形物达 60%~65%（高浓度果酱为 70%~75%），或终点温度为 105~107℃时，即可出锅、装瓶。出锅前约 5 min 再按配方加入柠檬酸。

5. 装瓶

装瓶容器为四旋瓶或三旋瓶等。瓶体、瓶盖、胶圈均应预先清洗、消毒和干燥。装瓶时酱体温度保持在 85℃以上，并注意不要让果酱沾染瓶口。若采用酱体灌装机，设备管道等必须经过严格消毒灭菌。

6. 封口

装瓶后及时拧紧瓶盖，倒放，并逐瓶检查封口是否严密。

7. 杀菌、冷却

将装满果酱的瓶子迅速在水浴中升温至 100℃，保温 20 min 进行杀菌。之后，将果将瓶分别在 65℃、45℃和常温水中分段冷却到 37℃以下。若瓶子、瓶盖等已经过严格消毒，果酱的糖分不低于 65%，装瓶时的酱体温度不低于 85℃，则装瓶后可不必杀菌。

【产品检验】

1. 感官指标

色泽：黄红色或褐红色。

组织状态：均匀一致，酱体呈胶黏状，不流散，不析水，无砂糖晶析。无杂质。

风味：酸甜适口，具有芒果风味，无异味。

2. 理化指标

总糖含量不低于 60%，可溶性固形物 68%~75%。铜≤10 mg/kg，铅≤2 mg/kg，锡≤200 mg/kg。

3. 微生物指标

大肠菌群近似值≤6 个/100g。

菌群总数≤100 个/g。

致病菌不得检出。

46.4　苹果果酱的制作

【实验材料】

苹果 2 kg，水 600 g，白砂糖 2080~2600 g，柠檬酸 5 g，果胶 5 g。

【仪器设备与用具】

不锈钢刀，不锈钢锅，打浆机，糖量仪，四旋瓶，水浴锅等。

【工艺流程】

原料→去皮→切半去心→预煮→打浆→浓缩→装瓶→封口→杀菌→冷却。

【工艺步骤】

1. 原料

选用新鲜饱满、成熟度适中，风味良好，无虫、无病的果实，罐头加工中的碎果块也可使用。

2. 去皮、切半、去心

用不锈钢刀手工去皮，切半，挖净果心。果实去皮后用 1%食盐水护色。

3. 预煮

在不锈钢锅内加适量水，加热软化 15~20 min，以便于打浆为准。

4. 打浆

用筛板孔径 0.70~1.0 mm 的打浆机打浆。

5. 浓缩

果泥和白砂糖比例为 1∶(0.8~1.0)(重量)，并添加 0.1%左右的柠檬酸。先将白砂糖配成 75%的浓糖浆煮沸过滤备用。按配方将果泥、白砂糖置于锅内，迅速加热浓缩。在浓缩过程中不断搅拌，当浓缩至酱体可溶性固形物达 60%~65%时即可出锅，出锅前加入柠檬酸，搅匀。

6. 装瓶

以 250 g 容量的四旋瓶作为容器，瓶应预先清洗干净并消毒。装瓶时酱体温度保持在 85℃以上，并注意果酱沾染瓶口。

7. 封口

装瓶后及时手工拧紧瓶盖。瓶盖、胶圈均经清洗、消毒。封口后应逐瓶检查封口是否严密。

8. 杀菌、冷却

采用水杀菌，升温时间 5 min，沸腾下（100℃）保温 15 min 之后，产品分别在65℃、45℃和凉水中逐步冷却到 37℃以下。

【产品检验】

1. 感官指标

色泽：酱红色或琥珀色。

组织状态：均匀一致，酱体呈胶黏状，不流散，不分泌汁液，无糖晶析。

风味：酸甜适口，具有适宜的苹果风味，无异味。

2. 理化指标

总糖含量不低于 50%，可溶性固形物不低于 65%，铜≤10 mg/kg，铅≤2 mg/kg，锡≤200 mg/kg。

3. 微生物指标

大肠菌群近似值≤6 个/100g。

菌群总数≤100 个/g。

致病菌不得检出。

46.5　山楂果酱的制作

【实验材料】

山楂 2000 g，水 1000 g，白砂糖 3000 g。

【仪器设备与用具】

不锈钢锅，打浆机，糖量仪，玻璃瓶，水浴锅等。

【工艺流程】

原料→清洗→软化→打浆→浓缩→装瓶→封口→杀菌→冷却。

【工艺步骤】

1. 原料

选用充分成熟、色泽好、无病虫的果实。一些残次山楂果实、罐头生产中的破碎果块以及山楂汁生产中的果渣(应搭配部分新鲜山楂果实)等均可用于生产山楂酱。

2. 清洗

对果实用清水漂洗干净，并除去果实中夹带的杂物。

3. 软化、打浆

将山楂果实和水置于锅中加热至沸，然后保持微沸状态 20~30 min，将果肉煮软而易于打浆为止。果实软化后，趁热用筛板孔径为 0.8~1.0 mm 的打浆机进行打浆 1 或 2 次，除去果梗、核、皮等杂质，即得山楂泥。山楂核较坚硬，打浆时加料要均匀，并调节好刮板与筛网之间的距离，防止损坏筛网。

4. 加糖浓缩

按山楂泥：白砂糖=1：1 的比例配料。先将白砂糖配成 75%的糖液并过滤，然后糖液与山楂泥混合入锅。浓缩中要不断地搅拌，防止焦煳。浓缩终点可以根据以下情况判断：浓缩至果酱的可溶性固形物达 65%以上，或用木板挑起果酱呈片状下落时，或果酱中心温度达 105~106℃时即可出锅。如果果酱酸度不够时，可在临出锅前加些柠檬酸进行调整。

5. 装瓶、密封

要趁热装瓶，保持酱体温度在 85℃以上，装瓶不可过满，所留顶隙度以 3 mm 左右为宜。装瓶后立即封口，并检查封口是否严密，瓶口若黏附有山楂酱，应用干净的布擦净，避免储存期间瓶口发霉。

6. 杀菌、冷却

5 min 内升温至 100℃，保温 20 min，杀菌后，分别在 65℃、45℃和凉水中逐步冷却至 37℃以下，尽快降低酱温。冷却后擦干瓶外水珠。

【产品检验】

1. 感官指标

色泽：酱体呈红色或红褐色。

组织状态：均匀一致，酱体呈胶黏状，不流散，不分泌汁液，无糖晶析。

风味：具有山楂酱应有的酸甜风味，无异味，无杂质。

2. 理化指标

总糖含量不低于 50%，可溶性固形物不低于 65%。铜≤10mg/kg。铅≤2mg/kg。锡≤200mg/kg。

3. 微生物指标

大肠菌群近似值≤6 个/100g。

菌群总数≤100 个/g。

致病菌不得检出。

46.6　草莓酱的制作

【材料与用具】

1. 实验材料：草莓，砂糖，柠檬酸，果胶。

2. 实验用具：铝锅，破碎机，折光仪，玻璃瓶，杀菌锅，纱布。

【工艺流程】

选料→清洗→去萼叶、去蕾柄→破碎→加热→加配料→加糖浓缩→灌装→杀菌→成品。

【工艺步骤】

1. 选料

选取新鲜完熟的原料，去净蕾柄、萼叶，用水洗净。

2. 加热

往搅拌后的草莓中加适量水后放入锅中，煮沸 10 min，使之软化并蒸发掉部分水分。

3. 配料添加

用白砂糖加水配成 75% 的糖液，成品糖度 60%~65%，再配用 50% 柠檬酸液（成品酸度 pH 3~3.3），再用纱布过滤以除去杂物，加入上述锅内熬煮（浓糖液分 1 或 2 次加入）。

4. 浓缩

在熬煮浓缩过程中，要不断搅拌，以加速水分蒸发，浓缩时间 20~30 min，浓缩接近终点时将 0.6%~0.9% 的果胶粉和 2~4 倍果胶粉重的砂糖混匀，然后撒在果酱中并拌匀。当可溶性物质浓度达 70% 左右时，可停止浓缩。

5. 装罐及密封

浓缩后的果酱应立即趁热装罐，当果酱温度在 85℃ 以上时，密封后可不用杀菌，温度低于 85℃ 则须杀菌，分段冷却至 30℃，擦干外表，贴好标签。

【思考题】

1. 为什么柠檬酸要在接近煮制终点时才加入？

2. 影响果酱产品质量的因素有哪些？

实验 47　果冻的制作

【实验目的】

1. 通过实验加深理解食品凝胶的形成条件和影响因素；
2. 通过实验了解不同凝胶方法对果冻品质的影响；
3. 通过实验掌握果冻的加工工艺。

【材料与工具】

1. 实验仪器、设备：不锈钢锅，电炉，小烧杯，玻璃棒。
2. 原辅材料：以 1000 mL 水量计，海藻酸钠 1.2%~1.5%、磷酸氢钙 0.2%、白糖 15%、苹果酸 0.15%、葡萄糖酸内酯 0.15%、山梨酸钾 0.05%、苹果香精适量。食品级葡甘露胶，琼脂。

【工艺流程】

原料→溶胶→煮胶→配料、混合→装料、密封→成品。

【工艺步骤】

1. 溶胶

在清洗干净的容器中，加入冷却到不低于 40℃的煮沸过的水，加水量为总加水量的 50%。按比例在水中加入磷酸氢钙和食用海藻酸钠，并不断搅动，使胶基本溶解，也可静置一段时间，使胶均匀溶解。

2. 煮胶

将胶液加热煮沸 5 min，使胶完全溶解，并达到杀菌的目的。但煮沸的时间不宜过长，以免海藻酸钠发生脱氢反应。

在溶胶过程中，胶液会产生许多气泡，需静置一段时间，使气泡上浮消失，以免制作的胶冻带气泡，影响外观和质量。一般静置的时间以胶液温度降到 40℃时即可。

3. 配料

先将糖按比例加入到剩余的煮沸过的水中(水量为总加水量的 50%)，加热杀菌，并冷却到 50℃左右，再按比例加入葡萄糖酸内酯、苹果酸和山梨酸钾，搅拌混合使全部溶解。

将配好料的溶液加入到前面制作的冷却到 40℃的胶液中，混合均匀，混合液调节 pH 为 3.5 左右(pH 达不到 3.5 左右，可适量添加苹果酸)。最后添加苹果香精适量。

4. 装料、密封

在清洗干净并消毒的容器(可采用小烧杯)中，加入制好的溶胶液，然后迅速用保鲜膜密封。

【产品检验】

1. 感观评定标准

项目	要求
色泽	具有该产品原料相应的纯净色泽
滋味、气味	具有该品种应有的滋味、气味，无异味
性状	呈胶冻状，无杂质

2. 理化检验指标

可溶性固形物的测定：参考本书第一部分可溶性固形物测定。

【思考题】

1. 简述食品中凝胶形成原理和条件。

2. 对所做的产品进行品质评定。

实验48 蔬菜的腌制

蔬菜腌制主要是利用食盐的高渗透压作用，微生物的发酵作用、蛋白质的分解作用及其他一系列生化反应，来增进蔬菜制品口感和风味，并延长储存期。尤其是泡菜生产时，蔬菜上带有乳酸菌、酵母菌等微生物，可以利用蔬菜的糖进行乳酸发酵、乙醇发酵等，不仅咸酸适度，味美嫩脆，增进食欲，帮助消化，而且可以抑制各种病原菌及有害菌的生长发育，延长保存期；另外由于腌制采用密闭的泡菜坛，可以使残留的寄生虫卵窒息而死。 通过本实验，了解腌制菜(泡菜)的制作工艺和腌制的基本原理。

48.1 泡菜产酸的质量控制

【实验原理】

泡菜中的乳酸菌把蔬菜中的糖分转化成乳酸，起到使泡菜味道鲜美和杀灭病原性微生物的作用。但泡菜熟透后，乳酸菌抵不住自己生产的有机酸而开始被杀灭减少。这时，泡菜中开始长出酵母和霉菌，有异味、变色，营养也下降，降低了泡菜的质量。可以用氢氧化钠来滴定泡菜中的乳酸。

【材料与工具】

新鲜泡菜，蒸馏水，0.1 mol/L 的氢氧化钠溶液，酚酞指示剂，打浆机，碱式滴定管(滴定装置)，试管。

【测定步骤】

1. 取适量新鲜泡菜打浆。

2. 取 1 mL 样品液用蒸馏水稀释成 5 mL，加入 0.5%酚酞为指示剂，用标准的 0.1 mol/L 的氢氧化钠溶液滴定，样品呈微红色后稳定 30 s，记录消耗氢氧化钠的体积。实验重复 3 次，取平均值。

【实验结果与计算】

1 mL 0.1 mol/L 氢氧化钠相当于 0.09 g 的乳酸。其结果以乳酸百分含量表示。

$$X_{乳酸}(\%)=(\frac{V_1 \times M \times 0.09}{V_2}) \times 100$$

式中，X 为乳酸的百分含量(%)；V_1 为滴定样品所需氢氧化钠的体积(mL)；M 为氢氧化钠的摩尔质量(g/mol)；V_2 为样品的体积(mL)。

48.2　泡菜的制作

【材料与工具】

1. 实验仪器、设备：刀，菜板，泡菜坛子。

2. 原辅材料：各类蔬菜（黄瓜、萝卜、胡萝卜、子姜、大白菜、辣椒等），食盐，白酒，砂糖，花椒，八角，胡椒，氯化钙等。

【工艺流程】

原料选择→预处理→装坛→发酵→成品。

【工艺步骤】

1. 原料选择

凡鲜嫩清脆、肉质肥厚而不易软化的蔬菜，均可作为泡菜原料。制作时，可以选择子姜、大白菜、黄瓜、辣椒、萝卜、胡萝卜等几种蔬菜混合泡制，使产品具有各种蔬菜的色泽、风味。

2. 预处理

将原料清洗干净，除去老叶、粗皮、筋、须根等不宜食用的部分，按食用习惯切分。

3. 装坛

用6%~8%盐水与原料等量装坛，以最后平衡浓度为4%为准。原料压紧，防止原料露出液面。液面与坛口要留5~10 cm高度，避免发酵初期因大量产气而溢出卤水。水槽注满清水或15%~20%盐水，加盖密封。发酵过程中，注意保持水槽中水的清洁卫生。配制盐水最好用硬水，可加0.05%~0.1%氯化钙保脆。加入3%~5%陈泡菜水可加速乳酸发酵。

为增进泡菜品质，可加入0.5%~1%白酒，1%~3%白糖，3%~5%鲜红辣椒，直接与原料和盐水混匀。花椒、八角、胡椒，按原料量的0.05%~0.1%称量，用纱布袋包装放入。

4. 发酵

根据微生物活动和乳酸累积多少，发酵过程可分为三个阶段。

初期：异型乳酸发酵为主，伴有微弱乙醇发酵和乙酸发酵，产生乳酸、乙醇、乙酸和CO_2，逐步形成嫌气环境。乳酸积累为0.3%~0.4%，pH 4.5~4.0，是泡菜的初熟阶段，时间2~5天。

中期：正型乳酸发酵，嫌气状态形成，植物乳酸杆菌活跃。乳酸积累达0.6%~0.8%，pH 3.8~3.5，大肠杆菌、腐败菌等死亡，酵母、霉菌受抑制，是泡菜完熟阶段，时间5~9天。

后期：正型乳酸发酵继续进行，乳酸积累可达1%以上。当乳酸含量达1.2%

以上时，乳酸菌本身也受到抑制。

【产品检验】

1. 色泽形态

将样品放于小白瓷盘中，观察其颜色是否有该产品应有的颜色、是否有光泽或晶莹感，有泡汁水的汤汁是否清亮、有无霉花浮膜，无泡汁水的(如红油和白油产品)色泽是否一致、有无油水分离现象，菜坯规格大小是否均匀、一致，有无菜屑、杂质及异物等。

2. 香气

将定量泡菜放小白瓷盘中，用鼻嗅其气味，反复数次鉴别其香气，是否具有本身菜香，是否具有发酵型香气及辅料添加后的复合香气(如酱香、酯香等)，有无不良气味(如氨、硫化氢、焦煳、酸败等气味)及其他异香。

3. 质地滋味

取一定量样品于口中，鉴别质地脆嫩程度，滋味是否鲜美，酸咸甜是否适口，有无过酸、过咸、过甜或无味现象，有无不良滋味(如苦涩味、焦煳、酸败等滋味)和其他异味(如馊味、霉味等)。

产品检验评分细则详见表 48-1。

表 48-1　泡菜产品感官评定评分表

项目	标准	扣分	得分
色泽及形态	色泽正常、新鲜、有光泽，规格大小均匀、一致，无菜屑、杂质及异物，无油水分离现象，汤汁清亮，无霉花浮膜		30 分
	色泽不正常、不新鲜、无光泽、发黑	1~6 分	
	菜坯规格大小不均匀、不一致	1~5 分	
	有菜屑、杂质及异物	1~6 分	
	油水分离现象	1~3 分	
	汤汁不清亮、有霉花浮膜	5~10 分	
香气	具有本产品固有的香气(如菜香)，或具有发酵型香气及辅料添加后的复合香气(如酱香、酯香等)，无不良气味及其他异香		30 分
	香气差	1~5 分	
	香气不正	1~10 分	
	有不良气味(如氨、硫化氢、焦煳、酸败等气味)及其他异香	7~15 分	
质地及滋味	滋味鲜美，质地脆嫩，酸甜咸味适宜，无过酸、过咸、过甜味，无苦味及涩味、焦煳味		40 分
	菜质脆嫩度差	1~4 分	
	菜质脆嫩度差，咀嚼有渣	1~5 分	
	口味淡薄	1~5 分	
	有过酸、过咸、过甜味	1~5 分	
	有苦味及涩味、焦煳、酸败味	3~6 分	
	有其他不良气味(如馊味、霉味等)	7~15 分	

48.3　酱黄瓜的制作

【材料与工具】

1. 实验仪器、设备：切菜刀，台称，晒盘，腌制缸，铝锅。
2. 原辅材料：黄瓜，食盐，酱油，八角，红椒，白糖，花生油，料酒。

【工艺流程】

原料选择→冲洗→腌制→浸泡(析盐)→酱渍(打耙)→成品。

【工艺步骤】

1. 选料与处理

选用幼嫩翠绿的黄瓜(黄瓜老时，外皮变黄，瓜瓤大易形成中空，且种子过大)用清水洗净。

2. 腌制

将洗好的黄瓜每 2.5 kg 用 0.6~0.75 kg 的盐，一层黄瓜一层盐入缸。以后每日倒缸 2 次，盐溶后每日倒缸 1 次，共计 12 或 13 次。倒缸时将原缸中全部汁液和未渗入的盐倒入新缸中，腌好后封缸，并置于阴凉处备酱制用。

3. 浸泡

腌好的黄瓜取出放入清水中浸泡 3 天，每天换水一次(因黄瓜含盐量太高以便浸出黄瓜内部的部分盐分而减少咸味)，再取出沥干水分。

4. 制酱

煮制锅内倒入 5 kg 左右的酱油，加适量八角、红椒、白糖、料酒烧开；加入适量花生油，再次烧开，停火，晾凉备用。

5. 酱渍

将沥干的黄瓜放入已准备好的酱内，酱与黄瓜之比为 2：1。入酱后每天用木耙翻搅 3 次(把耙)，以加速酱的渗入和防止因黄瓜水分渗出造成酱的局部浓度过低引起的变质，酱制一周即为成品。取出时因黄瓜上附着酱而不美观，可用酱油洗除。

48.4　糖醋蒜的制作

【材料与工具】

1. 实验仪器、设备：切菜刀，台称，晒盘，腌制缸，铝锅。
2. 原辅材料：蒜、食盐、糖、醋。

【工艺流程】

选料→切去根叶→剥除老皮→洗净→盐腌→晾晒→糖醋浸渍→后熟→成品。

【工艺步骤】

1. 选料与处理

选用鳞茎整齐、肥大、肉质鲜嫩的大蒜,切去根和叶,留下 2 cm 长的茎,剥除老皮,再放入清水中洗去泥土及杂物,沥干后备用。

2. 盐腌

按 10% 的用盐量将大蒜和盐装入缸内,可一层大蒜加一层盐,装至大半缸为止。腌后每天早晚倒缸一次,一直到卤水能淹至蒜头的 3/4 时为止,连续几天左右即可腌成咸蒜头,沥干。

3. 晾晒

将沥干后的蒜头摊放在晒盘上晾晒,每天翻动 1 或 2 次,晒至原重的 65%~70% 为止。

4. 糖醋浸渍

将干咸蒜头装入坛中,轻轻压紧,装至坛子 3/4 处时注入配好的糖醋液至满,在坛颈处横挡几根竹片以免蒜头上浮,然后将坛口塑料膜扎紧密封,再用黏土涂敷坛口,约 2 个月后即可成熟。

【思考题】

1. 在泡菜制作过程中,哪些因素可以起到防腐、延长保藏期的作用?

2. 请分别在泡菜发酵的三个阶段,取食泡制产品,进行品质评定。

3. 泡菜制作中乳酸菌生长的适宜条件是什么?其中为何乳酸菌不能无限制地增殖?

4. 食盐、酱、食醋和糖等在加工中的作用各是什么?

实验 49　果蔬的干制

果蔬干制是在自然或人工控制条件下，将果蔬原料内的大部分水分脱除，使其中可溶性物质的浓度提高到微生物难以利用的程度，同时在干制后，果蔬本身所含的酶类的活性也受到抑制，从而可以较长时间地保藏产品。在整个果蔬原料干燥过程中，介质的温度、湿度、气流速度、果蔬原料的种类和组织状态及原料在干燥时的装载量都对干燥过程和制品品质有重要影响。通过本实验，了解我国传统干制技术及现代干燥方式的优缺点，掌握果品和蔬菜干制的一般方法，并了解鉴定干制成品品质的简便方法。

49.1　苹果(梨)干的制作

【材料及用具】

苹果(或梨)，0.5% $NaHSO_3$ 溶液(或硫黄)，1%食盐水，擦子，2% H_2SO_3 液，熏硫箱，晒盘，烘房。

【工艺流程】

选料→去皮、去核→切片→熏硫(或浸硫)→烘干→均湿→包装→贮藏。

【工艺步骤】

1. 原料预处理

选出无病、无虫害坏斑及疤眼的原料，清洗削皮，纵切果实一分为二并挖去果心，及时投入1%的食盐水中护色，再将原料切成0.5 cm厚的果片，再投入护色液中。

2. 硫处理

将切好的苹果片投入 0.5% $NaHSO_3$ 中浸泡 10 min，或用原料重量的0.2%~0.4%的硫黄在熏硫箱内点燃熏硫 10~30 min(根据果片厚度确定熏硫时间)。

注：实验中可留出一部分原料未经硫处理作为对照。

3. 烘干

原料均匀摆放在晒盘上进行干燥(自然干燥)，或置烘房中烘干(人工干燥)，始温80℃，半干后约55℃，使果干抓在手中紧握时不粘手而有弹性时为止，此时含水量约为20%，干燥率为(6~8)∶1。

4. 均湿

将干燥后的苹果干堆积在一起，1~2天后可使制品含水量一致。

5. 包装贮藏

将制品分别装在玻璃瓶或塑料袋中，分别抽空(或充氧气或充 SO$_2$)，另留部分果干散装，以作对照，观察贮藏期间产品品质的变化。

49.2　萝卜(丝)干的制作

【材料及用具】

萝卜，0.5%NaHSO$_3$ 溶液(或硫磺)，1%食盐水，擦子，2% H$_2$SO$_3$ 液，刀，晒盘，烘房。

【工艺流程】

选料→切干(或丝)→干制前处理→烘干→包装贮藏。

【产品检验】

1. 选料

选用肉质细嫩、致密、含糖量较高的品种，除去叶丛、须根和腐坏部分洗净。

2. 切干(或丝)

刨成的萝卜丝细长均匀，直径约 3 mm 长段，随萝卜大小而定，一般 10~15cm，或切成约 3 mm 厚的圆片。

3. 干制前处理

将各种原料切片后分成 3 份，分别做如下不同处理。

(1) 蒸煮：将原料以薄层铺在蒸架上，蒸时锅内水应沸腾，蒸 3~6min，至原料呈半透明状为止(注意不能蒸熟)。

(2) 浸渍：用 2%H$_2$SO$_3$ 液浸渍 1~2min，注意原料应完全浸入，然后捞出沥干。

(3) 不处理。

4. 烘干

将处理好的原料铺放在烘盘上，置烘箱中烘烤(相对湿度 60%~70%/6~8 h)。干燥结束原料应充分干燥变硬，但柔韧紧握时不粘手。

5. 包装贮藏

用薄包或木箱包装，置于干燥通风处，注意防雨、防潮、防虫。每隔 2~3 月要重晒 1~2 天。

49.3　洋葱的干制

【材料及用具】

1. 实验仪器、设备：刀，盆，菜板，竹筛或不锈钢筛网，恒温干燥箱，塑料袋。

2. 原辅材料：洋葱，碳酸氢钠溶液。

【工艺流程】

原料验收→整理→切分→清洗→护色→烘干→后处理→包装→成品。

【工艺步骤】

1. 原料验收

原料应选用中等或大型的健康鳞茎，肉质呈白色或淡黄色，无青皮或少青皮。鳞茎应充分成熟，结构紧密，辛辣味强。干物质含量不低于 12%。

2. 整理

切去茎尖和根，茎尖切除 0.5~1 cm，根部以切净须根为度。剥除不可食的鳞茎外层。

3. 切分

整理好的洋葱切分为 4 块，即上一刀，下一刀，作十字形切，但不要切断。再横切成厚度为 2~3 mm 的薄片。

4. 清洗

切分好的葱片在清水中充分洗涤，以洗尽白沫为度。

5. 护色

洋葱片在 0.2% 的碳酸氢钠溶液浸渍 2~3 min，然后捞出沥干。

6. 烘干

将处理后的原料平铺于竹筛或不锈钢网筛上，筛孔以 (0.5~0.6) mm×(0.5~0.6) mm 见方为好。在恒温干燥箱中干制，温度控制在 60~65℃，鼓风强制排湿。经 6~8 h 烘至含水量 6% 左右即可。

7. 后处理

除去焦褐片、老皮、杂质和变色的次品。产品冷却后放入塑料袋密闭 1 天，使干制品水分均匀平衡。随后进行检验、包装。

【产品检验】

1. 感官评定标准

将被测样品在洁净的白瓷盘中，用肉眼直接观察色泽、形态和杂质，嗅其气味，品尝滋味。感官要求应符合下表的规定。

项　目	要求
色泽	各种水果、蔬菜脆片应具有与其原料相应的色泽
滋味和口感	具有该品种特有的滋味，酯香、清香纯正，口感酥脆
形态	块状、片状、条状或该品种应有的整形状。各种形态应基本完好，同一品种的产品厚度基本均匀，且基本无碎屑
杂质	无肉眼可见外来杂质

2. 理化检验指标

水分含量的测定：参考本书第一部分水分含量的测定实验。

【思考题】

1. 对所做的产品进行品质评定。

2. 食品水分测定方法除了烘干法之外还有哪些方法？

实验 50　果蔬的速冻

【实验目的】

理解果蔬速冻保藏的基本原理，掌握果蔬速冻的加工工艺流程及操作要点。

【实验原理】

将经过预处理的果蔬原料用快速冷冻的方法冻结，然后在–18~–20℃的低温下保藏，从而最大限度地抑制微生物和酶的活动，较好地保持了新鲜果蔬原有的色泽、风味、香气和营养成分。

大部分果蔬均可采用速冻保藏。本实验主要学习苹果等几种果蔬的速冻加工工艺及操作要点。

【材料与工具】

1. 实验材料：苹果、桃、草莓、马铃薯、甘蓝、豇豆、菠菜、蘑菇，亚硫酸氢钠、食盐、柠檬酸或乙酸、碳酸钙或氯化钙、抗坏血酸等。

2. 设备与用具：不锈钢刀，夹层锅，清洗机，旋皮机，切片机，速冻机，冷冻冰箱，真空包装机，不锈钢筐等。

50.1　速冻苹果片

【工艺流程】

原料选择→清洗→去皮、切分→糖液浸渍→过滤→包装→速冻→冻藏。

【工艺步骤】

1. 原料选择

选择新鲜、成熟度和硬度良好，大小均匀，无机械损伤和病虫害的果实。

2. 清洗、去皮、切分

用清水洗去果实表面的污物和农药残留等，用旋皮机去皮，然后切成 5 mm 厚的薄片。

3. 糖液浸渍

将苹果片放入 30%~35%浓度的糖液中浸泡 5 min（糖液中可加入 0.1%的抗坏血酸减少解冻后发生褐变的程度）。

4. 包装、速冻

苹果片经沥干糖液后，采用食品薄膜袋定量包装，然后在–35℃的速冻装置中，使中心温度降至–18℃冻结。

5. 冻藏

冻结后的产品经纸箱包装后，送入–18℃的冻藏库中贮藏。

50.2　速冻草莓果实

【工艺流程】

原料采收→挑选、分级→去果蒂或不去果蒂→清洗→浸糖→速冻→包装→冻藏。

【工艺步骤】

1. 原料采收

要求采收已八成转红、风味良好、大小均匀、无机械伤和病虫害的草莓果实。

2. 分级

按直径大小分级，分 20 mm 以下、20~24 mm、25~28 mm、28 mm 以上 4 个等级。若果实直径再大，可再分级；也可按单果重分级，分 10 g 以上、8~10 g、6~8 g、6 g 以下 4 个等级。

3. 去蒂、漂洗

用手工去除果蒂，再用清水漂洗干净。

4. 清洗

清水洗去泥沙和杂质，然后在 5% 的食盐水中浸泡 10~15 s。

5. 浸糖

将经前处理的草莓果实放入 30%~40% 的糖液中浸泡 3~5 min(糖液中可加 0.2% 的抗坏血酸防止氧化变色)后，捞出沥干糖液。

6. 速冻、保藏

采用二段式冷冻，即将沥干糖液的草莓果实迅速冷却至–15℃以下，然后送入 –35℃的冷冻机中冻结，待草莓果实中心温度降至–18℃时，立即进行低温包装，然后放入–18℃冷藏库中贮藏。

50.3　速冻马铃薯条

【工艺流程】

原料选择→清洗→去皮→切条→烫漂→冷却→速冻→包装→冻藏。

【工艺步骤】

1. 原料选择

要求用于速冻的马铃薯块茎的淀粉含量适中、干物质含量高、还原糖含量较低、果肉为白肉色品种，块茎形态周正、表皮光滑、芽眼浅、无霉烂、无损伤。

2. 清洗、去皮

马铃薯块茎在洗涤槽内强力洗涤或用洗涤机清洗后，手工去皮，同时去掉块茎上偶有的斑点。

3. 切条

将马铃薯块茎在切条机中或手工切成长 50~75 mm，宽 5~10 mm，厚 5~10 mm 的长方条，同时用 0.5%~1.0%的食盐水对切条进行护色。

4. 烫漂、冷却

将切好的薯条在 90~95℃水中热烫 1~2 min，然后立即起条，放入冷水中进行冷却。

5. 速冻

将薯条滤起，在-35~-40℃下进行冻结。

6. 包装、冻藏

将冻结后的马铃薯条及时装入聚乙烯塑料袋内，并在-18℃下冻藏。

50.4　豇豆速冻

【工艺流程】

原料选择→切条→盐水浮选→漂洗→烫漂→冷却→沥水→速冻→包装→冷藏。

【工艺步骤】

1. 原料选择

选择纤维含量少、组织鲜嫩、豆条圆直的豇豆品种，要求豆条直径及长度均匀，豆粒无明显突起，无病虫害，无斑疤。

2. 切条

将豇豆条切去两端，再切成 6 cm 长的豆条。

3. 盐水浮选

将切分的豆条在 2%的食盐水中浸泡 15 min 左右，除去漂浮的虫体及杂质，滤出豇豆条，用清水漂洗 1 次。

4. 烫漂、冷却

将豇豆条在沸水中烫漂 1.5 min 左右，至口尝无豆腥味后，立即滤起，用冷水冷却，然后用振动筛或离心机脱水。

5. 速冻及冻藏

将豆条经冷冻机在-35~-40℃下迅速冻结，然后用塑料食品袋定量包装，在-18℃下冻藏。

50.5　速 冻 菠 菜

【工艺流程】

　　原料挑选→整理→漂洗→热烫→冷却→沥水→装盘→速冻→包装→冷藏。

　　【工艺步骤】

　　1. 原料挑选及整理

　　选择叶片茂盛的菠菜品种。要求原料鲜嫩，色泽浓绿，无黄叶、霉烂及病虫害，切除根须，在清水中逐株清洗干净，沥净水分待用。

　　2. 烫漂、冷却

　　将洗净的菠菜叶片朝上竖放于不锈钢筐内，下部浸入沸水中烫漂 30 s，然后将叶片全部浸入沸水烫漂 1 min，捞出后立即清水冷却到 10℃以下。

　　3. 装盘

　　将经烫漂、冷却后的菠菜沥干水分，整理后装盘，每盘 500~800 g。

　　4. 速冻与冻藏

　　装盘后的菠菜迅速进入冷冻设备进行冻结，然后在–18℃下冻藏。

50.6　速 冻 蘑 菇

【工艺流程】

　　蘑菇→清洗→整理→热烫→冷却→脱水→速冻→挂冰衣→称量、包装→冻藏

【工艺步骤】

　　1. 清洗、整理

　　将经清洗、修整后的蘑菇投入 0.8%~1.0%的食盐水溶液中护色待用。

　　2. 热烫与冷却

　　将蘑菇从护色盐水中滤起，投入 95~100℃的 0.3%~0.5%柠檬酸溶液中热烫 1~2 min，然后迅速捞出，投入流动清水中降温 5 min 后，转投入 2℃低温水中快速冷却至菌体中心温度接近 2℃，捞出沥干水分。

　　3. 速冻

　　将预冷蘑菇均匀分布于输送带上，进入–38℃冷冻机速冻。

　　4. 挂冰衣

　　将速冻蘑菇散开，投入 0~2℃水中 30 s 后迅速捞起，抖动，使菌体表面均匀形成一层薄而透明的冰层，称为冰衣。挂冰衣的目的是阻隔氧气，抑制蘑菇氧化变色，并防止菌体水分在冻藏中过度失水。

5. 称量包装

内包装袋采用透明而耐低温的低压聚乙烯袋，外包装用瓦楞纸箱。

6. 冻藏

包装箱叠高 6~8 层，贮藏于 –18~–24℃，按冷库管理规则观察记录。

【思考题】

1. 原料的预处理对速冻果蔬的产品质量有何影响？

2. 谈谈你对不同果蔬原料速冻工艺流程及操作要点的认识。

实验 51　橘皮中果胶的制备

【实验目的】

1. 了解果胶的特性及在果蔬加工中的应用；
2. 掌握橘皮中果胶的制备工艺及要点。

【实验原理】

果胶是一种白色或淡黄色的胶体，在酸、碱条件下能发生水解，不溶于乙醇和甘油。果胶最重要的特性是胶凝化作用，即果胶水溶液在适当的糖、酸存在时能形成胶冻。果胶的这种特性与其酯化度(DE)有关，所谓酯化度就是酯化得到的半乳糖醛酸基与总的半乳糖醛酸基的比值。DE 大于 50%(相当于甲氧基含量 7%以上)，称为高甲氧基果胶(HMP)；DE 小于 50%(相当于甲氧基含量 7%以下)，称为低甲氧基果胶(LMP)。一般而言，果品中含有高甲氧基果胶，大部分蔬菜含有低甲氧基果胶。

果胶作为凝胶剂、增稠剂、稳定剂和乳化剂已广泛地用于食品工业，在医药、化妆品中等也得到了应用。

在果胶提取中，真正富有工业提取价值的是柑橘类的果皮、苹果渣、甜菜渣等，其中最富有提取价值的首推柑橘类的果皮。

【材料及用具】

1. 实验材料：橘皮，pH 2 HCl 溶液，95%乙醇。
2. 实验器具及用品：烘箱，粉碎机，水浴锅，烧杯，玻璃棒，筛网，旋转蒸发仪，离心机，离心管。

【工艺流程】

橘皮→破碎→洗涤→酸浸提→过滤→减压浓缩→沉淀→烘干→粉碎→成品。

【工艺步骤】

1. 剔除腐烂变质、发黑的橘皮，将橘皮在 40℃下干燥，粉碎至 1~3mm。
2. 将 10 g 原料加入 250 mL HCl 溶液(pH=2)，浸提温度为 80℃、浸提时间为 45 min；并不断搅拌。
3. 趁热用 300 目筛网过滤，分离出柑橘皮残渣，得果胶提取液。
4. 将滤液用旋转蒸发仪在 60~70℃下浓缩至原体积的 1/3 时为止。
5. 果胶浸提液冷却至常温后加入 1 倍体积的 95%的乙醇，搅拌、静置 2 h，使果胶沉淀析出。
6. 在 3000 r/min 下离心 15 min，除去上清液，回收乙醇，得粗果胶。

7. 在 60~70℃干燥 10 h, 粉碎即得果胶粉。随后进行提取物中果胶含量的测定和提取率的计算。

【思考题】

果胶提取是否还有其他方法?

实验52　果酒的加工

【实验目的】

理解果酒制作的基本原理，初步掌握果酒酿造的基本工艺流程及操作要点。

【实验原理】

果酒的制作是以新鲜的果实为原料，利用野生的或者人工添加的酵母菌将果实中的糖分分解成乙醇及其他副产物，伴随着乙醇及副产物的产生，果酒内部发生一系列复杂的生化反应，最终赋予果酒独特的风味及色泽。果酒酿造不仅是微生物活动的结果，也是复杂生化反应的结果。

果酒的品种有葡萄酒、苹果酒、青梅酒、荔枝酒等。本实验主要学习葡萄酒的制作方法。

【材料与工具】

1. 实验材料：葡萄，白砂糖，柠檬酸，葡萄酒酵母，亚硫酸等。

2. 实验仪器和设备：破碎机，榨汁机，手持糖量计，不锈钢罐筒或塑料筒，过滤筛，台秤等。

【工艺流程】

原料选择→分选清洗→去皮破碎→取汁(果肉)→糖酸度调整→前发酵→分离压榨→后发酵→澄清→过滤→调配→装瓶→杀菌。

【工艺步骤】

1. 原料选择

选用已充分成熟的葡萄果实，剔除病烂果、生虫果、生青果。用清水洗去表面污物。

2. 破碎

用滚筒式或离心式破碎机将果实破碎，得果汁与果肉、果皮的混合物。

3. 调整糖酸度

将得到的果汁与果肉混合物立即送入发酵罐内，发酵罐上面应留出 1/4 的空隙，不可加满，并盖上木制篦子，以防浮在发酵罐表面的皮糟因发酵产生二氧化碳而溢出。

发酵前需调整糖酸度(糖度控制在 25 Bé 左右)，加糖量一般以葡萄原来的平均含糖量为标准，加糖不可过多以免影响成品质量。酸度 pH 一般为 3.5~4.0。

4. 前发酵

调整糖酸度后，加入酵母液，加入量为果汁与果肉混合物的 5%~10%，加入后充分搅拌，使酵母均匀分布。发酵时每日必须检查酵母繁殖情况及有无菌害。若酵母生长不良或过少时，应重新补加酒母。发酵温度控制在 20~25℃。

前发酵的时间，根据葡萄果肉的含糖量、发酵温度和酵母接种数量而异。一般在比重下降到 1.020 左右时即可转入后发酵。前发酵时间一般为 7~10 天。

5. 分离压榨

前发酵结束后，立即将酒液与其他成分分离。

6. 后发酵

充分利用分离时带入的少量空气，来促使酒中的酵母将剩余糖分继续分解转化为乙醇，此时，沉淀物逐渐下沉在容器底部，酒逐渐得到澄清。后发酵可使荔枝酒进行酯化作用，使酒逐渐成熟，色、香、味逐渐趋向完善。后发酵桶上面要留出 5~15 cm 空间，因后发酵也会生成泡沫。后发酵期的温度控制在 18~20℃，最高不能超过 25℃。当比重下降到 0.993 左右时，发酵即告结束。一般需 1 个月左右，才能完成后发酵。

7. 陈酿

陈酿时要求温度低，通风良好。适宜的陈酿温度为 15~20℃，相对湿度为 80%~85%。陈酿期除应保持适宜的温度、湿度外，还应注意换桶，添桶。

第一次换桶应在后发酵完毕后 8~10 天进行，除去渣滓（并同时补加二氧化硫到 150~200mg/L）。第二次换桶在前次换桶后 50~60 天进行。

第二次换桶后约 3 个月进行第三次换桶，经过 3 个月以后再进行第四次换桶。

为了防止害菌侵入与繁殖，必须随时添满储酒容器的空隙，不让它表面与空气接触。在新酒入桶后，第一个月内应 3~4 天添桶一次，第二个月 7~8 天添桶一次，以后每月一次，一年以上的陈酒，可隔半年添一次。添桶用的酒，必须清洁，最好使用品种和质量相同的原酒。

8. 调配

经过一段时间储存的原酒，已成熟老化，具有陈酒香味。可根据品种、风味及成分进行调和。调配好的酒，在装瓶以前须化验检查，并过滤一次后才能装瓶、压盖。经过 75℃ 的温度灭菌后，贴商标，包装即为成品。

【产品检验】

1. 感官指标

颜色：紫红色，澄清透明，无杂质。

滋味：清香醇厚，酸甜适口。

香气：具有醇正、和谐的葡萄果香味和酒香味。

2. 理化指标

比重：1.035~1.055（15℃）。

酒精：11.5~12.5%（15℃）。

总酸：0.45~0.6 g/100mL。

总糖：14.5~15.5g/100mL。

挥发酸：0.05g/100mL 以下。

【思考题】

1. 在果酒加工工艺中，果汁的糖酸度调整有何意义？

2. 前发酵与后发酵有什么不同？

主要参考文献

曹建康. 2007. 果蔬采后生理生化实验指导. 北京: 中国轻工业出版社

冯 吉, 朱 岩, 唐新硕. 1989. 改良 DNS 法测定新鲜果蔬中的糖分. 浙江农业大学学报, 15(3): 267-272

付陈梅, 焦必宁, 阚建全. 2008. 果蔬总抗氧化能力间接测定法及其影响因素. 食品科学, 29(4): 457-460

高俊凤. 2006. 植物生理学实验指导. 北京: 高等教育出版社

黄晓钰, 刘邻渭. 2002. 食品化学综合实验. 北京: 中国农业大学出版社

李 军. 2000. 钼蓝比色法测定还原型维生素 C. 食品科学, 21(8): 42-45

李 玲. 2009. 植物生理学模块实验指导. 北京: 科学出版社

李里特. 2001. 食品物性学. 北京: 中国轻工业出版社

刘 萍, 李明军. 2007. 植物生理学实验技术. 北京: 科学出版社

马俪珍, 刘金福. 2011. 食品工艺学实验. 北京: 化学工业出版社

聂继云. 2009. 果品质量安全分析技术. 北京: 化学工业出版社

潘秀娟, 屠 康. 2005. 质构仪质地多面分析(TPA)方法对苹果采后质地变化的检测. 农业工程学报, 21(3): 166-170

邵兴锋, 屠 康. 2009. 采后热空气处理对嘎拉苹果质地的影响及其作用机理. 果树学报, 26(1): 13-18

王鸿飞, 李和生, 谢果凰, 等. 2005. 桔皮中果胶提取技术的试验分析. 农业机械学报, 3: 82-85

王学奎. 2006. 植物生理生化实验原理和技术(第二版). 北京: 高等教育出版社

徐怀德. 2003. 新版果蔬配方. 北京: 中国轻工业出版社

杨 磊, 贾 佳, 祖元刚. 2009. 山楂属果实提取物的体外抗氧化活性. 中国食品学报, 8: 28-32

姚立虎, 徐 茜. 1992. 蒽酮比色法测定食品总糖含量的简化研究. 食品工业, 1992, 3: 40-42

张丽丽, 刘威生, 刘有春, 等. 2010. 高效液相色谱法测定 5 个杏品种的糖和酸. 果树学报, 27(1): 119-123

张水华. 2006. 食品分析实验. 北京: 化学工业出版社

赵晨霞. 2006. 果蔬贮藏加工实验实训教程. 北京: 科学出版社

郑柄松. 2006. 现代植物生理生化研究技术. 北京: 气象出版社

仲 丽, 吕 超, 杨文玲, 等. 2011. 氧乐果和吡虫啉对小麦过氧化物酶、谷胱甘肽还原酶及过氧化氢酶活性的影响. 农药学学报, 13(3): 276-280

Bourne M C. 2002. Food texture and viscosity: concept and measurement (2ND edition). London: Academic Press

GB 12295-90 水果、蔬菜制品 可溶性固形物含量的测定-折射仪法

Nishikawal F, Kato M, Hyodo H, et al. 2003. Ascorbate metabolism in harvested broccoli. Journal of Experimental Botany, 54: 2439-2448

Suzanne Nielsen S. 2009. 食品分析实验指导. 杨严俊译. 北京: 中国轻工业出版社

附录一　折光仪测定可溶性固形物温度校正

温度/℃	可溶性固形物读数/%										
	0	5	10	15	20	25	30	40	50	60	70
应减去的校正值											
15	0.27	0.29	0.31	0.33	0.34	0.34	0.35	0.37	0.38	0.39	0.40
16	0.22	0.24	0.26	0.26	0.27	0.28	0.28	0.30	0.30	0.31	0.32
17	0.17	0.18	0.19	0.20	0.21	0.21	0.21	0.22	0.22	0.23	0.24
18	0.12	0.13	0.13	0.14	0.14	0.14	0.14	0.15	0.15	0.16	0.16
19	0.06	0.06	0.06	0.07	0.07	0.07	0.07	0.08	0.08	0.08	0.08
应加上的校正值											
21	0.06	0.07	0.07	0.07	0.07	0.08	0.08	0.08	0.08	0.08	0.08
22	0.13	0.13	0.14	0.14	0.15	0.15	0.15	0.15	0.16	0.16	0.16
23	0.19	0.20	0.21	0.22	0.22	0.23	0.23	0.23	0.24	0.24	0.24
24	0.26	0.27	0.28	0.29	0.30	0.30	0.31	0.31	0.31	0.32	0.32
25	0.33	0.35	0.36	0.37	0.38	0.38	0.39	0.40	0.40	0.40	0.40

附录二 常用缓冲液的配制方法

1. 甘氨酸–盐酸缓冲液(0.05 mol/L)

X 毫升 0.2 mol/L 甘氨酸+Y 毫升 0.2 mol/L HCl，再加水稀释至 200 mL。

pH	X	Y	pH	X	Y
2.0	50	44.0	3.0	50	11.4
2.4	50	32.4	3.2	50	8.2
2.6	50	24.2	3.4	50	6.4
2.8	50	16.8	3.6	50	5.0

甘氨酸相对分子质量=75.07，0.2 mol/L 甘氨酸溶液含 15.01 g/L。

2. 邻苯二甲酸–盐酸缓冲液(0.05 mol/L)

X 毫升 0.2 mol/L 邻苯二甲酸氢钾+ Y 毫升 0.2 mol/L HCl，再加水稀释到 20 mL。

pH (20℃)	X	Y	pH(20℃)	X	Y
2.2	5	4.070	3.2	5	1.470
2.4	5	3.960	3.4	5	0.990
2.6	5	3.295	3.6	5	0.597
2.8	5	2.642	3.8	5	0.263
3.0	5	2.022			

邻苯二甲酸氢钾相对分子质量=204.23，0.2 mol/L 邻苯二甲酸氢溶液含 40.85g/L。

3. 磷酸氢二钠–柠檬酸缓冲液

pH	0.2mol/L Na_2HPO_4/mL	0.1mol/L 柠檬酸/mL	pH	0.2mol/L Na_2HPO_4/mL	0.1mol/L 柠檬酸/mL
2.2	0.40	10.60	5.2	10.72	9.28
2.4	1.24	18.76	5.4	11.15	8.85
2.6	2.18	17.82	5.6	11.60	8.40
2.8	3.17	16.83	5.8	12.09	7.91
3.0	4.11	15.89	6.0	12.63	7.37
3.2	4.94	15.06	6.2	13.22	6.78
3.4	5.70	14.30	6.4	13.85	6.15
3.6	6.44	13.56	6.6	14.55	5.45
3.8	7.10	12.90	6.8	15.45	4.55
4.0	7.71	12.29	7.0	16.47	3.53
4.2	8.28	11.72	7.2	17.39	2.61
4.4	8.82	11.18	7.4	18.17	1.83
4.6	9.35	10.65	7.6	18.73	1.27
4.8	9.86	10.14	7.8	19.15	0.85
5.0	10.30	9.70	8.0	19.45	0.55

Na$_2$HPO$_4$ 相对分子质量=142.05，0.2 mol/L 溶液为 28.40 g/L。

Na$_2$HPO$_4$·2H$_2$O 相对分子质量=178.05，0.2 mol/L 溶液含 35.61 g/L。

Na$_2$HPO$_4$·12H$_2$O 相对分子质量=358.05，0.05 mol/L 溶液含 17.9025 g/L。

C$_4$H$_2$O$_7$·H$_2$O 相对分子质量=210.14，0.1 mol/L 溶液为 21.01 g/L。

C$_4$H$_2$O$_7$·H$_2$O 相对分子质量=210.14，0.05 mol/L 溶液为 10.505 g/L。

4. 柠檬酸–氢氧化钠–盐酸缓冲液

pH	钠离子浓度/(mol/L)	柠檬酸/g C$_6$H$_8$O$_7$·H$_2$O	氢氧化钠/g NaOH 97%	盐酸/mL HCl(浓)	最终体积/L[①]
2.2	0.20	210	84	160	10
3.1	0.20	210	83	116	10
3.3	0.20	210	83	106	10
4.3	0.20	210	83	45	10
5.3	0.35	245	144	68	10
5.8	0.45	285	186	105	10
6.5	0.38	266	156	126	10

①使用时可以每升中加入 1 g 酚，若最后 pH 有变化，再用少量 50%氢氧化钠溶液或浓盐酸调节，冰箱保存。

5. 柠檬酸–柠檬酸钠缓冲液(0.1 mol/L)

pH	0.1 mol/L 柠檬酸/mL	0.1 mol/L 柠檬酸钠/mL	pH	0.1 mol/L 柠檬酸/mL	0.1 mol/L 柠檬酸钠/mL
3.0	18.6	1.4	5.0	8.2	11.8
3.2	17.2	2.8	5.2	7.3	12.7
3.4	16.0	4.0	5.4	6.4	13.6
3.6	14.9	5.1	5.6	5.5	14.5
3.8	14.0	6.0	5.8	4.7	15.3
4.0	13.1	6.9	6.0	3.8	16.2
4.2	12.3	7.7	6.2	2.8	17.2
4.4	11.4	8.6	6.4	2.0	18.0
4.6	10.3	9.7	6.6	1.4	18.6
4.8	9.2	10.8			

柠檬酸 C$_6$H$_8$O$_7$·H$_2$O：相对分子质量 210.14，0.1 mol/L 溶液为 21.01 g/L。

柠檬酸钠 Na$_3$C$_6$H$_5$O$_7$·2H$_2$O：相对分子质量 294.12，0.1 mol/L 溶液为 29.41 g/L。

6. 乙酸–乙酸钠缓冲液(0.2 mol/L)

pH(18℃)	0.2 mol/L NaAc/mL	0.3 mol/L HAc/mL	pH(18℃)	0.2 mol/L NaAc/mL	0.3 mol/L HAc/mL
2.6	0.75	9.25	4.8	5.90	4.10
3.8	1.20	8.80	5.0	7.00	3.00
4.0	1.80	8.20	5.2	7.90	2.10
4.2	2.65	7.35	5.4	8.60	1.40
4.4	3.70	6.30	5.6	9.10	0.90
4.6	4.90	5.10	5.8	9.40	0.60

Na$_2$Ac·3H$_2$O 相对分子质量=136.09，0.2 mol/L 溶液为 27.22 g/L。

7. 磷酸盐缓冲液

（1）磷酸氢二钠–磷酸二氢钠缓冲液（0.2 mol/L）

pH	0.2 mol/L Na$_2$HPO$_4$/mL	0.3 mol/L NaH$_2$PO$_4$/mL	pH	0.2 mol/L Na$_2$HPO$_4$/mL	0.3 mol/L NaH$_2$PO$_4$/mL
5.8	8.0	92.0	7.0	61.0	39.0
5.9	10.0	90.0	7.1	67.0	33.0
6.0	12.3	87.7	7.2	72.0	28.0
6.1	15.0	85.0	7.3	77.0	23.0
6.2	18.5	81.5	7.4	81.0	19.0
6.3	22.5	77.5	7.5	84.0	16.0
6.4	26.5	73.5	7.6	87.0	13.0
6.5	31.5	68.5	7.7	89.5	10.5
6.6	37.5	62.5	7.8	91.5	8.5
6.7	43.5	56.5	7.9	93.0	7.0
6.8	49.0	51.0	8.0	94.7	5.3
6.9	55.0	45.0			

Na$_2$HPO$_4$·2H$_2$O 相对分子质量=178.05，0.2 mol/L 溶液为 35.61 g/L。

Na$_2$HPO$_4$·12H$_2$O 相对分子质量=358.22，0.2 mol/L 溶液为 71.64 g/L。

NaH$_2$PO$_4$·2H$_2$O 相对分子质量=156.03，0.2 mol/L 溶液为 31.21g/L。

（2）磷酸氢二钠–磷酸二氢钾缓冲液（1/15 mol/L）

pH	1/15Na$_2$HPO$_4$/mL	1/15KH$_2$PO$_4$/mL	pH	1/15Na$_2$HPO$_4$/mL	1/15KH$_2$PO$_4$/mL
4.92	0.10	9.90	7.17	7.00	3.00
5.29	0.50	9.50	7.38	8.00	2.00
5.91	1.00	9.00	7.73	9.00	1.00
6.24	2.00	8.00	8.04	9.50	0.50
6.47	3.00	7.00	8.34	9.75	0.25
6.64	4.00	6.00	8.67	9.90	0.10
6.81	5.00	5.00	8.18	10.00	0
6.98	6.00	4.00			

Na$_2$HPO$_4$·2H$_2$O 相对分子质量=178.05，1/15 mol/L 溶液为 11.876 g/L。

KH$_2$PO$_4$ 相对分子质量=136.09，1/15 mol/L 溶液为 9.078 g/L。

8. Tris-盐酸缓冲液（0.05 mol/L，25℃）

50 mL 0.1 mol/L 三羟甲基氨基甲烷（Tris）溶液与 X 毫升 0.1 mol/L 盐酸混匀后，加水稀释至 100 毫升。

pH	X/mL	pH	X/mL
7.10	45.7	8.10	26.2
7.20	44.7	8.20	22.9
7.30	43.4	8.30	19.9
7.40	42.0	8.40	17.2
7.50	40.3	8.50	14.7
7.60	38.5	8.60	12.4
7.70	36.6	8.70	10.3
7.80	34.5	8.80	8.5
7.90	32.0	8.90	7.0
8.00	29.2		

三羟甲基氨基甲烷(Tris),相对分子质量=121.14,0.1 mol/L 溶液为12.114 g/L。Tris 溶液可从空气中吸收二氧化碳,保存时注意密封,如果要求无菌,可以加叠氮钠 0.1%。